蒙特梭利 1-3歲 教養全書

THE MONTESSORI TODDLER

蒙特梭利專家
西蒙娜·戴維斯 Simone Davies 著

今井彥子Hiyoko Imai 繪

戴月芳 譯

MEFA蒙特梭利教育發展學會 專有名詞審訂

這本書是為奧利弗和艾瑪寫的，

我很榮幸成為你們的母親，

讓我每天都有所啟發。

CONTENTS

第 1 章

前言

一起改變理解幼兒的方式

　　蹣跚學步的幼兒（toddler，指一到三歲的孩子）經常遭受誤解，大人們通常把他們視為難搞的小生物。關於如何以愛、耐心和支持的方式與幼兒相處，我們並沒有太多可以借鏡的好例子。

　　站在幼兒的角度來看，他們剛學會走路，正準備好要探索世界，並且才剛開始學習用語言溝通，他們「衝動控制」（impulse control）能力還在發展階段：在咖啡廳和餐廳裡坐不住、看到空曠的地方就想奔跑，或是往往在最不恰當的時間和場合發脾氣，還會觸摸任何看起來有趣的東西。

　　人們稱其為「可怕的兩歲」，不聽話、不停扔東西、不願意睡覺、不喜歡吃飯，或拒絕學習自己上廁所等。當我的孩子在幼兒階段時，我用威脅、賄賂和「暫時隔離法」（Time-Out）[1] 來取得他們的合作；即便我自己都覺得不恰當，但卻想不到其他更好的辦法。

　　在我第一個孩子剛誕生不久時，我聽到了一個廣播訪談。接受訪問的

註1：指的是在孩子做錯事且忽視家長的警告時，立刻將他帶到一個安靜、隔離且安全的地方，家長要向孩子簡短解釋為何被處罰，然後立刻離開，讓孩子自己冷靜下來並檢討。

來賓談到了使用暫時隔離法作為懲罰的負面影響。這種方法不僅無助於孩子彌補過錯，還疏離了當下最需要家長支持的孩子，讓孩子對大人感到失望。我聚精會神地想聽聽這位來賓接下來告訴家長應該怎麼做，但是廣播節目到此結束。從那時起，「自己尋找答案」就成了我的使命。

身為一名新手媽媽，我第一次參觀蒙特梭利學校就立刻一見鍾情了。這裡的環境不僅經過精心設計，還洋溢著快樂氣氛。教師們平易近人，同時尊重孩子和家長。在我們登記候補入學後，順利地加入了親子班。

在課程中，我不僅學到「蒙特梭利教學法」豐富的專業知識，也幫助我更加理解幼兒。幼兒在充滿挑戰的環境中茁壯成長，他們在尋求他人理解的同時，也像海綿一樣吸收周圍世界提供的知識。我意識到自己很容易和幼兒產生連結：我理解他們的觀點，而他們的學習方式也總是令我驚艷。此後，我很幸運地開始在澳洲蒙特梭利教室裡擔任教師費恩・范齊爾（Ferne Van Zyl）的助手。

2004 年，我在國際蒙特梭利協會（Association Montessori Internationale，簡稱 AMI）接受了蒙特梭利教育培訓。而當生命把我們從雪梨帶來阿姆斯特丹時，我很驚訝這座新城市竟然沒有任何蒙特梭利親子班。因此，我很快地就創辦了自己的學校，也是阿姆斯特丹唯一一所蒙特梭利教學法幼兒園 —— 藍花楹蒙特梭利學校（Jacaranda Tree Montessori）。在那裡我帶領親子班，協助家長以全新的方式看待孩子，並幫助他們將蒙特梭利教學法融入家庭。

開辦課程的這些年來，我接觸過近千名的幼兒和家長，我始終樂於向他們交流與學習。我參加了「正向教養」（Positive Discipline）[2] 的師資

註 2：是以阿德勒心理學為基礎的教養法，主張消除所有懲罰與獎賞，強調不打、不罵、不威脅、不利誘的教育，而是要用「鼓勵」來教養孩子。

培訓，同時進修「非暴力溝通」（Nonviolent Communication）[3]課程。除了持續閱讀大量書籍、文章，我也與教師、家長對話，並且收聽廣播節目和 Podcast。與此同時，我也從自己的孩子身上學到許多，他們已經從幼兒成長為青少年了。

我想在這本書中，和各位分享我在學習之路上的見聞。我想把蒙特梭利的智慧翻譯成簡單的語言，讓人們能以更容易理解的方式於家庭中應用。無論你的孩子是否打算參加蒙特梭利學校，拿起這本書時，你已經在自己的旅程中邁出了一步，開始找到你和幼兒的另一種相處模式。

你將掌握與孩子攜手合作的要領，引導他們、支持他們，特別是在他們遭遇困難的時候。你將學會如何佈置家中環境，擺脫混亂，為家庭生活帶來心靈的平靜。例如：佈置一個「適當的空間」，讓孩子自由探索，同時，你也將知道該如何在家裡設計適合幼兒的蒙特梭利活動。

羅馬不是一天造成，這件事也需要慢慢來，而且並不需要把家裡改造成一個蒙特梭利教室。建議從小處做起，使用手邊既有的物品，並且先將一些玩具收拾起來，這樣就可以輪流使用。同時，開始認真觀察孩子的興趣，漸漸地，你就會發現自己在家庭和日常生活中，融入了愈來愈多蒙特梭利的理念。

透過這本書，我希望能帶給各位讀者另一種更為心平氣和的幼兒陪伴模式。如果你希望培養出充滿好奇心和責任感的孩子，我會幫助你播下種籽，同時，持續在這個基礎上建立與孩子之間的關係，每天將瑪麗亞・蒙特梭利博士（Dr. Maria Montessori）的哲學付諸實踐。

現在，是時候學習如何透過孩子的眼睛看世界了。

註3：通過「觀察」來陳述事實，真誠具體地表達「感覺」和「需求」，並提出有效且具同理心的「請求」，是一套展現同理心、有效溝通的說話方式。

我，為什麼特別喜歡幼兒？

　　大部分的蒙特梭利教師會偏好和某個年齡層的孩子一起工作；就個人而言，我喜歡與正在學走路的幼兒相處。許多人經常為此感到很困惑，因為照顧幼兒的工作非常辛苦；他們十分情緒化，也不太聽大人說的話。

　　說到這裡，讓我想畫一張全新的幼兒畫像，來平反大家對幼兒的刻板印象。

　　幼兒具有活在當下的精神。帶著幼兒一起上街令人心情愉快。當我們的腦海中塞滿各種待辦事項和煩惱要做什麼晚餐時，他們卻能活在當下，從人行道的裂縫中發現冒出頭的小花小草。

　　也正因如此，陪伴幼兒時，我從他們身上學習到「如何活在當下」：他們總是專注於此時此刻。

　　幼兒吸收新知毫不費力。根據蒙特梭利博士的觀察，六歲以下的幼兒能不費吹灰之力就接受一切新事物，如同吸水的海綿；她把這個現象稱為「吸收性心智」（Absorbent Mind）。

　　我們不會坐下來教導一歲的孩子語法或句子結構，但是他們在三歲時就已經有了驚人的詞彙量，並且正在學習如何建構簡單的句子（某些幼兒

甚至會開始處理複雜的短文段落）。與此相對，身為大人的我們，在學習一種語言時往往需要大量的努力和心力。

幼兒的潛力無窮。通常我們必須直到自己有了孩子，才會意識到孩子在幼兒階段能做到的事情，已經超乎我們的預期。在他們接近十八個月大的時候，可能就會因為認出路上的風景，而發現我們正在前往祖母家；當看到書本中的大象時，他們會跑去翻籃子，從裡面找出一隻玩具大象。

除此之外，當父母把家裡的環境佈置的更符合幼兒的活動行為時，他們會歡天喜地、主動積極，並且發揮最大潛能投入手邊的活動，例如：他們會擦拭髒汙、幫小嬰兒拿尿布、把垃圾放進垃圾桶、擔任廚房小助手，或是喜歡自己穿衣打扮等。

某天，一名修繕人員來我們家修理東西，當時不到兩歲的女兒經過他的身邊走向臥室，自己換好衣服，把幾件溼掉的衣服放入洗衣籃後，接著才去玩。我永遠忘不了當時修繕人員臉上的表情，顯然，他很驚訝剛學會走路的幼兒可以完成這麼多的事情。

幼兒純真無邪。我認為沒有一位幼兒天生具有壞心眼。當他們看到別人的玩具，可能會單純地想「我現在想玩這個玩具」，而從其他孩子那裡搶過來；他們也可能做一些事情以獲得回應，比如：扔掉這個杯子，看看爸媽的反應，或者，他們會因為某些事情沒有按照自己的規則進行，而感到沮喪。

但是，他們根本沒有心眼，更不會心存怨恨或報復。他們只是單純跟隨內在衝動去行動（做事）。

幼兒不會記仇。不願意離開公園的幼兒可能會哭天喊地，甚至長達半個小時都安撫不了他們。但是，一旦情緒平靜下來（有時需要大人從旁協助），他們就會立刻恢復開朗、充滿好奇心，而不像大人可能僅僅是從不

同側起床，就煩躁一整天。

另外，幼兒的寬容度也很驚人。有時候我們會犯錯，例如：失控發飆、忘記承諾或是狀態不佳。當我們向孩子道歉時，也同時在示範如何與人和解，他們可能會獻出一個大大的擁抱，或是說出一些貼心又驚喜的話語。一旦父母與孩子有了如此堅實的情感基礎，孩子會守護父母，如同父母守護他們一樣。

幼兒擁有真性情。我喜歡和幼兒相處，是因為他們直爽又坦率，而且這種坦率具有感染力。他們只說真話、流露真情。

每一位與幼兒相處過的大人都知道，他們會指著公車上的某個人大聲說：「那個人沒有頭髮。」此時身旁的我們可能會無地自容，但是孩子卻沒有一絲尷尬的表情。

幼兒率直的本性讓人們放下心防。他們沒有任何盤算或意圖，也沒有可怕的詭計。他們知道如何做自己，不會自我懷疑，也不會評判他人。如果大人懂得向他們學習，必能從中獲得成長。

NOTE 本書所提及的「幼兒」，指的是一至三歲左右的孩子。

重新認識幼兒的反應

　　幼兒為什麼喜歡說「不要」。「自我肯定危機」（Crisis of Self-Affirmation）是幼兒經歷最重要的發展階段之一。從十八個月到三歲之間，幼兒會開始意識到自己和父母是分開的個體，並且開始渴望更多的自主權。在他們學會說「不要」的同時，也開始會使用第一人稱代名詞「我」。

　　幼兒開始學習獨立的這個階段可能很難熬。有時候他們會把大人推開，凡事都想靠自己；有時候他們拒絕做任何活動，或者緊黏著大人不放。

　　幼兒為什麼總是「動」個不停。動物不喜歡被關在籠子裡，幼兒同樣也不會坐著不動。他們渴望活動自如，例如：剛學會站就想攀爬和行走、剛學會走就想奔跑和拿重物，越重越好，透過搬運大件物品或移動沉重的袋子、家具來挑戰自己的極限。我們把這種挑戰精神稱作「最大努力」（maximum effort）。

　　幼兒需要「探索」周圍的世界。蒙特梭利教學法建議父母接受這一點，從而為孩子佈置安全的探索空間，讓他們參與所有能刺激感官的日常活動，並且放他們到戶外探索，讓他們在泥土中挖掘、在草地上赤腳、在水池中戲水、在細雨中奔跑。

幼兒需要「自由」。適當的自由能幫助幼兒培養好奇心並樂在學習，進而主動體驗、發掘新事物。這些過程能讓幼兒體認到他們就是自己的主人。

　　幼兒需要「紀律」。制定紀律能保障幼兒的安全，並教會他們尊重別人和環境，幫助他們成為負責任的人。此外，「紀律」也有助於大人在被踩到底線之前先做出行動，以避免自己又開始憤怒斥吼和責罵孩子。蒙特梭利教學法既不放任亦不專橫，它幫助父母成為孩子的冷靜領導者。

　　幼兒喜歡「秩序」和「一致性」。幼兒喜歡事情可以每天如出一轍，比如：維持同樣的生活作息、物品放在同樣的位置，以及遵循同樣的規則。這有助於他們理解、認識自己的世界，並且知道自己應該對哪些事物抱持期待。

　　與此相對，一旦父母制定的規範前後不一致時，他們就會不斷地測試，看看大人當天的決定。如果他們發現耍賴和發脾氣可以讓事情順著自己的心意走，那麼他們就會再次嘗試，而這種現象稱為「間歇性增強」（intermittent reinforcement）。

　　若我們能理解幼兒對於「秩序」的需求，就能發揮更多的耐心和同理心。也就是說，如果我們沒辦法讓每一天都如出一轍，就可以先有心理準備，可能需要付出額外的心力來引導孩子。此時，我們就不會認定孩子是在胡鬧，反而可以從孩子的角度理解到這不是他們預期的方式。我們可以協助他們冷靜，一旦他們恢復理智，再和他們一起找出解決方案。

　　幼兒「不是故意」為難父母。他們正在經歷一個艱難的時期；我喜歡這個想法：如果我們能意識到孩子的不良行為實際上是在求助時[4]，可以

註4：引用自《紐約時報》（*New York Times*）文章〈孩子會耍脾氣是因為沮喪和焦慮，而非反抗或找碴〉教育家珍‧羅森伯格（Jean Rosenberg）的說法。

問問自己「我們現在能提供什麼幫助？」如此一來，便能讓我們將對立的情緒轉化為解決問題並支持孩子。

幼兒容易「衝動」。 幼兒的前額葉皮質（Prefrontal Cortex，大腦中容納人類自我控制和決策中心的部分）仍在發育，而且還會持續二十年。這意味著當他們又爬到桌子上、從別人手中搶奪東西，或是變得情緒化時，我們可能需要循循善誘地耐心引導他們。所以我喜歡說：「我們要成為他們的前額葉皮質」。

幼兒「需要時間」處理父母說的話。 與其反覆催促孩子去穿鞋，不如先在腦子裡數到十，讓他們有時間來處理父母的要求。一般而言，當我們數到八的時候，他們就會開始動作了。

幼兒有「溝通」的需求。 孩子會試圖以多種方式和我們溝通。當嬰兒發出咯咯聲，我們可以回敬他們；面對牙牙學語的幼兒時，我們可以對他們說的話表現出興趣。至於較大的孩子，則喜歡提問和回答問題，此時我們可以用豐富的語言回應他們，甚至也用這種方式回應幼兒，他們會像海綿一樣快速吸收。

幼兒喜歡把事情做到「得心應手」。 幼兒喜歡反覆練習，把事情做到得心應手。所以，試著觀察他們，看看他們正努力熟悉哪些事情。一般而言，那會是一件具有挑戰性，但又不至於困難到讓他們放棄的事情。他們會一次又一次不斷地練習，直到完美。一旦他們得心應手了，就會往下一個目標繼續前進。

幼兒「喜歡幫忙」，感受自己是家庭的一分子。 比起自己的玩具，幼兒似乎對父母的物品更感興趣。此外，當父母在準備餐點、洗衣服或準備迎接訪客時，他們也特別喜歡在一旁幫忙。如果時間允許，可以準備一些事情請他們幫忙，並且降低期待，讓孩子學會作為家庭裡的一分子該如何付出。這些都是在他們成為學齡兒童和青少年之前能夠建立起來的基礎。

為什麼要用蒙特梭利教學法育兒？

　　我承認第一次來到蒙特梭利學校時，我是被一些膚淺的表象所吸引。蒙特梭利的教學環境和活動看起來非常有意思；我想讓我的孩子使用這些漂亮又有趣的教具和空間，這是人之常情。就這樣，良好的第一印象帶領我踏進了蒙特梭利的世界。

　　多年後，我發現蒙特梭利其實是一種生活方式。蒙特梭利影響了我和自己的孩子、我和班上的孩子，以及我和平時接觸到的孩子之間的相處方式，以上這些都比蒙特梭利的活動或空間還要更重要。蒙特梭利教學主張激發孩子的好奇心，學習真正看見並接受孩子真正的樣貌，不加以批判；同時，要保持與孩子之間的溝通，即便是在大人需要阻止孩子，去做一些他們很想做的事情的時候。

　　在家應用蒙特梭利教學法並不困難，但可能跟我們自己成長過程中所受的教養方式，或其他人的教養方式大不相同。在蒙特梭利教學法中，成人將孩子視為擁有自己獨特人生的獨立個體，同時溫和引領並支持著他們。父母可能會發掘到孩子的潛力，但不該讓孩子受此局限，也不該讓孩子彌補自己挫敗的經驗或是未竟的願望。

身為父母，我們就像園丁：播下種籽，提供合適的條件並給予足夠的食物、水和陽光。時常觀察種籽，在需要時調整照顧的方式，然後讓它們恣意成長。孩子也可以用相同的方式養育，而這也就是蒙特梭利教學法的精髓；試想，播下的種籽就是身為幼兒的孩子，我們提供他們恰如其分的條件，在需要時進行調整，陪伴他們成長。而至於他們生命的方向，則由他們自己決定。

「教育者（包括父母）就像盡職的園丁對待他們的植物一般。」
　　——瑪麗亞‧蒙特梭利博士（Dr. Maria Montessori），《人的成長》（*The Formation of Man*）

絕頂聰明的幼兒

看似不知變通（「不給我用最愛的湯匙，我就不要吃早餐！」），
→ **其實**是孩子需要秩序感的強烈表現。

看似不願讓步，
→ **其實**是孩子在學習事情並不總是按照他們的方式進行。

看似在不斷重複同一個吵鬧的遊戲，
→ **其實**是孩子在試圖玩到熟練。

看似在大發脾氣，
→ **其實**是孩子在說「我非常愛你，我可以安心釋放忍耐一整天的情
　　緒。」

看似一步一步故意地踩爸媽底線，
→ **其實**是孩子在用自己的方式探索。

看似讓父母尷尬的童言童語，
→ **其實**是孩子不會撒謊，誠實的證明。

看似今晚又無法一夜好眠，
→ **其實**是孩子胖乎乎的小胳膊在半夜裡和你擠一擠，表達他們對你
　　純粹的愛。

如何閱讀這本書？

　　你可以把這本書從頭讀到尾，或者翻到你最感興趣的一頁，找到今天可以運用的實用內容。

　　剛開始，或許你會摸不著頭緒，因此我在每章的最後都會附上關鍵問題，幫助你將蒙特梭利融入家庭和日常生活。其中還會穿插一些方便參考的重點整理和清單。翻到附錄，你會看見裡面有一份〈正向語言清單〉的實用列表。不妨把它印下來，掛在某個地方作為提醒。

　　除了蒙特梭利的理論與智慧，我也利用多年來搜集的許多資源（書籍、Podcast、訓練課程）與蒙特梭利教學法融會貫通，幫助我能夠合宜又正確地引導班上的幼兒和自己的孩子。

　　希望這本書可以為你啟發靈感。我們的目標不是要徹底執行每一項活動，或是擁有一個完全沒有雜物的空間，甚至成為完美的父母，而是要學習如何看待和支持我們的孩子，與他們一起同樂，在他們遇到困難時出手相助。如果你意識到自己太過認真執行這一切時，請記得揚起嘴角笑一笑。這是一趟旅程，而不是終點。

第 2 章

認識蒙特梭利教育

- 關於創始人瑪麗亞・蒙特梭利
- 傳統教育與蒙特梭利教育的差異
- 蒙特梭利教學法的十大原則

關於創始人瑪麗亞・蒙特梭利

　　瑪麗亞・蒙特梭利博士是十九世紀末義大利第一批女性醫師之一。她在羅馬的一家診所工作，照顧窮人和他們的孩子。除了治療病痛，蒙特梭利博士也照料他們的生活起居，並提供衣物給他們。

　　在羅馬的一家庇護所，蒙特梭利博士觀察到有情緒和精神障礙的兒童，他們在環境中遭受了「感覺剝奪」（Sensory Deprivation，指的是故意從一個或多個感官減少或去除感官刺激）；她曾注意到他們撿拾麵包屑不是為了吃，而是為了刺激觸覺。因此她提出「對這些孩子來說教育才是解方，而非醫學」。

　　蒙特梭利博士沒有採用任何先入為主的方法開啟她的教育之路，反之，她運用了在醫學培訓中學到的客觀、科學的觀察法，去發掘什麼能吸引孩子，了解他們如何學習以及如何促進他們學習。

　　她沉浸在教育哲學、心理學和人類學中，為孩子試驗和改善教具。最終，大部分的孩子通過了國家考試，且分數高於非殘疾兒童。蒙特梭利博士被譽為奇蹟的創造者。

　　很快地，蒙特梭利博士得以在義大利教育系統中，測試她的理念。當

時她被邀請在羅馬的貧民窟建立一個教育基地，設立宗旨是在父母工作時照顧他們年幼的孩子，而這就是 1907 年 1 月開設的第一個「兒童之家」（Casa dei Bambini）。

不久之後，她的工作引起了人們的關注，並在國際上宣揚開來。現在，除了南極洲之外，各大洲都有蒙特梭利學校和培訓計畫。光是在美國，就有超過四千五百所蒙特梭利學校，全世界則有兩萬所。在我居住的阿姆斯特丹，大約有八十萬人口，其中有二十多所蒙特梭利學校，滿足從嬰兒到十八歲孩子的需求。Google 創始人賴利・佩吉（Larry Page）和謝爾蓋・布林（Sergey Brin）、亞馬遜創始人傑夫・貝佐斯（Jeff Bezos）、美國前第一夫人賈桂琳・甘迺迪（Jacqueline Kennedy Onassis）和諾貝爾文學獎得主加布列・賈西亞・馬奎斯（Gabriel Garcia Marquez）都曾在蒙特梭利學校學習。

蒙特梭利博士的教育工作從未停歇，並在世界各地包括在第二次世界大戰期間流亡印度時，持續發展她對各年齡層兒童的教育理念，直到 1952 年於荷蘭去世。她稱自己的工作為「生命教育」，也就是不僅僅為了課堂學習，而是為了日常生活。

傳統教育與蒙特梭利教育的差異

　　在傳統教育中，教師通常站在教室前面，決定孩子需要學習什麼，再教導他們需要知道的東西；這是一種「從上而下、一視同仁」的教學法，由教師決定學習的教具，例如：每個人都在同一天學習字母「a」。

　　與此相對，在蒙特梭利教育中，孩子、大人和學習環境之間則存在一種動態關係。在大人和環境的支持下，孩子掌管自己的學習。

　　蒙特梭利的教具會按照從簡單到困難的順序，擺放在教具櫃上，讓孩子跟隨當下的興趣選擇教具，並照著自己的節奏學習。至於教師則會觀察孩子，當孩子似乎已經對教具熟能生巧後，就會示範下一個工作給孩子。

　　在下頁的蒙特梭利教育圖中，箭頭是雙向的：環境和孩子相互作用，環境吸引著孩子，孩子從環境中的教具學習；大人和環境也相互影響，大人預備環境並觀察，在必要時做出調整，以滿足孩子的需要。此外，大人和孩子之間則在相互尊重的基礎上建立起一種動態關係。大人會觀察孩子，只在必要時介入給予幫助，然後再讓孩子繼續自我掌控。

　　蒙特梭利博士在她的著作中一再重申，蒙特梭利教育的目標不是用事**實去填滿孩子，而是培養他們對學習的天生渴望。**

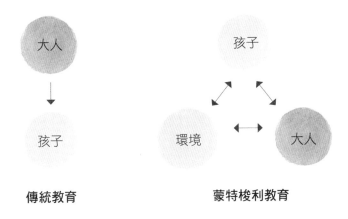

傳統教育　　　　　　　蒙特梭利教育

　　這些原則不僅適用於課堂，它們也可以是我們在家中和孩子的相處方式：鼓勵孩子自己去探索，給他們自由和紀律，藉由佈置家中的空間，使他們能夠參與全家的日常生活，從而獲得成就感。

蒙特梭利教學法的十大原則

 ① 預備好的環境

我在藍花楹蒙特梭利學校每週帶八個班,而大部分的「工作」都是在孩子抵達之前完成,那就是──細心準備環境。

➡ 我會為孩子設計相應程度的活動,讓他們試圖挑戰並熟練,但不會困難到讓他們放棄。

➡ 我會確保孩子都有需要的工具可以達成任務,例如:找他們拿得動的托盤、放幾塊可用來擦拭髒汙的乾布、準備好足夠的藝術教具方便他們可以重複練習,以及兒童尺寸的用具,比如在餅乾上塗抹配料的奶油刀和最小尺寸的水杯。

➡ 我會坐在地板上從孩子的高度檢視環境──在牆壁低處掛藝術品讓他們欣賞、把植物放在地板上或矮桌上請他們照料。

➡ 我會細心打造簡單又漂亮的空間,例如:清除空間內的所有雜物,設置幾個精心挑選的活動,並確保架上的活動材料皆是完整、無缺件的,好讓孩子可以順利地獨立工作。

「預備好環境」與「打掃教室」是全然不同的感覺。預備環境的目的是為了盡可能地吸引孩子，讓他們可以自由探索和學習。事實上，我們可以在任何空間為孩子打造一個細心準備的環境，比如：教室、家、度假小屋或戶外空間。

② 對學習的天生渴望

蒙特梭利博士發現孩子擁有一種內在的學習動機：嬰兒學習抓取物品，反覆嘗試學習站立，最後他們學會了走路，以上這些都是他們在「環境支持」下所自行完成的。因此，同樣的道理也適用於學習說話、閱讀、寫作、數學以及探索他們周圍的世界。

孩子探索過程中所發現的東西，尤其是在「精心打造的環境」中，更能讓孩子產生好奇心並熱愛學習；孩子不需要「被指引」，才能去探索環境。

在蒙特梭利教室裡，不同年齡的孩子一起學習（混齡教室）。年紀小的孩子可以透過觀察比他們大的孩子來學習，而大孩子也可以透過幫助比他們小的孩子來強化學習。

孩子的「工作」就是遊戲，只要大人用對方法，他們都是天生具有好奇心的學習者。

③ 親手操作、具體學習

> 「這麼說好了，在沒有雙手的協助下，兒童的智力可以發展到一定水準。但是，如果智力與雙手一起發展，那麼就能達到更高的水準，孩子的性格也會更堅強。」
>
> ——瑪麗亞．蒙特梭利博士，《吸收性心智》

「雙手」以一種具體的方式吸收資訊，並傳遞給大腦。聽或看是一回事，但是當我們在聽或看時結合雙手的運用，就能促進更深層的學習，如此一來，能讓我們從被動學習轉向主動學習。

蒙特梭利教室裡準備的教具精緻又有趣，讓孩子深陷其中，並用自己用雙手展開探索。

我們也為幼兒提供觸覺學習體驗，例如：讓他們拿著一件物品，同時告訴他們該物品的名稱、提供各式美麗的藝術素材給他們探索、準備好玩的素材讓他們開啟和關閉（如魔鬼氈、拉鍊、鈕扣），或者讓他們在廚房一起準備食物，像是用手指挖麵團或用奶油刀切香蕉。

另一個動手學習的例子，則是在蒙特梭利教室裡我們為三到六歲兒童所準備的數學教具：一顆金色的小珠子代表「1」、十顆珠子代表一串「10」、由十串十顆珠子組成的一片「100」、十片 100 代表「1000」。

利用這些教具，孩子就可以練習加法。例如：如果要計算「1234 ＋ 6432」的總和，他們可以去拿一塊千、兩片百、三串十以及四顆珠。然後以相同的方式取來 6432。當他們加上去時，眼前會出現七塊千、六片百的墊子……，以此類推。也就是說，孩子可以具體地看見並拿著這些量，而不像大部分的孩子是以抽象的方式在紙上學習加法。

隨著孩子進入小學高年級，他們就能漸漸在這個具體的基礎上，發展出抽象的學習方法。他們將不再需要這些教具，但是如果想重溫，隨時都可以取得。

④ 留意敏感期

當孩子展現出對某一個領域，例如：運動、語言、數學、閱讀特別感興趣時，就稱為「敏感期」（Sensitive Period）；這是形容孩子在某特定階段／月齡學習某種技能或概念時，特別能心領神會，而且輕而易舉、毫不費力。

因此，父母可以觀察孩子正處於哪一方面的敏感期，並設計適當的活動來鼓勵他們發展這些興趣。當幼兒開始模仿父母的某些詞彙時，就知道他們正處於「語言的敏感期」，此時可以集中精神提供常用的新詞彙讓他們練習。

另外，喜歡爬桌子的幼兒則很可能處於「運動的敏感期」，因此他們需要練習這些技能。父母可以用枕頭、毯子、平衡且可以攀爬的物品設計一個障礙賽，而不是默許他們爬上家具。

下一頁的表格提供了一些例子，讓父母參考當孩子處於敏感期時，可以如何協助他們滋養興趣。

NOTE 有些人會擔心如果錯過敏感期，例如閱讀敏感期，那麼孩子在學習閱讀時會有障礙。事實上，他們依然能學會閱讀，但是需要更多有意識的努力，類似大人學習外語的狀態。

幼兒的敏感期

　　每種敏感期在不同孩子身上發生的年齡／月齡不盡相同，因孩子發展狀況而有些許差異。

語言

即口語的敏感期。孩子看著大人的嘴巴牙牙學語，開始模仿我們說的話，不久之後，就出現了語言爆發。對書寫的興趣可能從三歲半以上開始；四歲半以上開始閱讀。因此，我們可以這麼做：
➡ 提供孩子豐富的語言。
➡ 給予物品正確的名稱。
➡ 唸書給他們聽。
➡ 和他們對話，並留有空白時間，讓他們有時間回應。
➡ 跟隨他們的興趣。

秩序

孩子喜歡秩序。蒙特梭利博士觀察到一名女孩，當媽媽脫下她的外套時，女孩變得非常焦躁不安。她的情緒來自於「秩序」（事物原本的樣貌）發生了變化，而當媽媽將外套穿回去時，女孩就平靜下來了。因此，我們可以這麼做：
➡ 採取固定的模式，讓孩子能夠預期接下來會發生什麼事。
➡ 讓所有物品各得其所。
➡ 如果孩子對於某件事無法每天如出一轍而感到不安時，請試著理解他們。

細小 事物	十八個月到三歲的孩子，會被迷你的物品和微小的細節所吸引。因此，我們可以這麼做： ➡ 在家中提供精緻的細節，比如：藝術品、鮮花、手工製作的工藝品。 ➡ 坐在地板上，從孩子的高度看看他們眼中看到什麼，進而想辦法讓孩子眼裡的風景更精彩。 ➡ 移除不完美的物件。
動作 習得	幼兒學會走路及運用雙手，代表他們習得了「粗大動作」（gross-motor movements，又稱「大肌肉運動動作」）和「精細動作」（fine-motor movements，又稱「小肌肉運動動作」）。大一點的孩子會熟練這些技能，並開始發展更多的協調能力。因此我們可以這麼做： ➡ 為他們創造不同機會，去練習粗大動作和精細動作。 ➡ 給他們時間運動。
感官 探索	透過環境探索，幼兒會對顏色、味道、氣味、觸感和聲音著迷。大一點的孩子會開始對這些感受進行分類和組織。因此，我們可以這麼做： ➡ 為幼兒提供豐富感官體驗的室內和室外環境。 ➡ 給予他們自由探索的時間。 ➡ 與他們一起探索。
規矩 和 禮儀	規矩的敏感期大約從兩歲半開始。在此之前，大人可以以身作則，為幼兒示範規矩和禮儀，如此一來，他們便會自然地吸收和學習。因此，我們可以這麼做： ➡ 相信孩子能逐步發展、習得規矩和禮儀，不必苛求他們。 ➡ 無論在家、在外或面對陌生人，都要以身作則，示範規矩和禮儀。

⑤ 無意識的吸收性心智

從出生到六歲左右，孩子能毫不費力地接受資訊；蒙特梭利博士將此稱為「吸收性心智」。從出生到三歲，他們完全是「無意識」地在吸收與學習。

幼兒輕而易舉的學習天分，給了父母機會，同時也伴隨著責任。「機會」是指孩子很容易吸收周圍的語言（建立豐富的詞彙和理解），包括父母如何使用家具和物品（小心愛惜為佳）、如何對待他人（尊重且親切為佳）、把東西放在哪裡（建立秩序），以及圍繞在他們身邊的美麗環境。

「責任」則是因為正如蒙特梭利博士所提出的：海綿會吸收乾淨的水，也會吸收髒水；也就是說，孩子會像吸收正面經驗一樣容易吸收負面經驗，他們甚至可以吸收父母的感覺和態度。比如：當我們對掉了東西而自責（而不是原諒自己），或者我們顯現出「定型心態」（Fixed Mindset）而不具備「成長心態」（Growth Mindset），像是認為自己不擅長繪畫，卻不認為可以透過不斷精進技能而學會。

因此，身為大人的我們應該警惕自己，在年幼的孩子面前，應盡可能做出積極正面的榜樣，提供美麗又善意的一面，讓他們吸收。

⑥ 自由和紀律

曾經我聽過有人說：「蒙特梭利學校不是都不用管孩子，讓他們做喜歡的事嗎？」還有人說：「蒙特梭利學校是不是非常嚴格？孩子好像只能以特定方式使用教具。」

事實上，蒙特梭利處於中間的位置，介於「放任」和「專制／獨裁」之間。

在學校或家裡，我們可以為孩子擬定一些生活規則，讓他們對自己、別人和周圍環境學會尊重和責任，亦即在這些規範內，孩子有選擇、行動和意志的自由。

在蒙特梭利學校，孩子可以自由選擇自己想做的活動（前提是有開放使用），可以自由休息或觀察其他孩子（前提是不打擾其他孩子），可以自由在教室裡活動（前提是要能尊重周圍的人）。在這些規範之內，我們在一旁陪伴孩子，並相信他們會按照自己的步調發展。

在家裡，我們可以讓孩子自由穿著打扮（前提是符合季節氣候）、自由做點心享用（前提是他們願意坐下來吃）和自由表達自己的意見（前提是不傷害他人或家中物品）。

然而，有些人擔心「孩子怎麼會知道該做哪些事呢？」或者「我們一直把重心放在孩子身上，不會寵壞他們嗎？」我並不是建議父母讓孩子想做什麼就做什麼。身為父母，我們可以清楚地告訴孩子什麼是被期待的行為與被遵從的準則，並且在必要時刻制定「愛的紀律」：如果孩子傷害了別人或自己，我們會介入；當孩子不想離開公園，我們會溫柔地引導。在我們學習從孩子的角度看問題時，我們也在向他們示範如何相互尊重，以及關心他人（包括身為父母的我們）和環境。

總的來說，蒙特梭利教學法給予孩子有限度的自由。

⑦ 獨立和責任

「讓我能自己做。」（Help me to help myself.）

在蒙特梭利教育中，孩子會學習變得非常獨立。我們讓孩子學習獨立，不是為了讓孩子盡快長大（請讓孩子快樂當個孩子），而是因為孩子喜歡獨立自主的過程和感覺。

孩子希望學會更多事，做出貢獻，成為家庭、教室和社會的一分子。當他們自己穿上鞋子、把東西放回原處，或是幫助朋友時，臉上會顯露滿足的表情。當他們可以自己完成一件事，而不必因為別人擅自把 T 恤套在他們頭上，或是被毫無預警地扔進浴缸洗澡而用力反抗，他們就能較為平和。

在獨立的過程中，孩子學會了**如何負責**照顧自己、他人和環境。孩子能學會如何小心翼翼地處理脆弱的東西、如何向朋友提供幫助、如何愛護自己的物品。他們會知道在傷害別人後該如何做出彌補，以及如何照顧植物、教室和周圍的環境。

相信我，以上這些，甚至連學走路的幼兒也做得到。

⑧ 尊重個人發展

每個孩子都必須按照自己的步調發展。

蒙特梭利不僅尊重每個孩子獨特的發展路程，也理解孩子具有不同的能量水準，會在不同的時刻發揮專注力。

孩子有不同的學習方式，例如：單用視覺、聽覺、觸覺或多種感官並

用。另外，有些孩子喜歡一再重複，直到他們熟練某項技能；有些孩子主要透過觀察別人來學習；有些孩子比其他孩子更需要活動。

蒙特梭利尊重每個孩子不同的學習方式，並且支持他們的個人發展。

⑨ 尊重

蒙特梭利的教師非常尊重孩子，他們會以對待大人的方式對待孩子；從他們對孩子說話的方式就可以看得出來。此外，如果他們需要碰觸孩子，會先徵求同意，例如「你同意我把你舉起來嗎？」同時，他們尊重孩子用自己的方式發展。

然而，這不代表大人可以不用負責。在必要時，大人會制訂規範，但這些規範不該毫無根據或強制執行，應該秉持尊重，同時堅定立場。

⑩ 觀察

「觀察」是蒙特梭利教學法的基礎。作為蒙特梭利訓練的一部分，我們花了超過兩百五十個小時的時間觀察嬰幼兒。我們在訓練自己拋下分析的欲望，不要妄下結論，捨棄偏見及對孩子、事情先入為主的觀念。

這樣的「觀察」僅代表像牆上的攝影機一樣觀察。實事求是，只記錄親眼看見的東西：孩子的動作、語言、姿勢、行為等。

透過觀察，我們可以看見孩子現在的「確切位置」、能幫助我們看到孩子正對什麼感興趣、正在努力熟練什麼事以及他們的發展進程。我們也

會知道什麼時候該介入，為他們制定規範或提供幫助，以及何時再次退到一旁，繼續守候他們。

想想看

1. 我們是否看到孩子展現出他們正經歷哪種「敏感期」？他們現在對什麼感興趣？
2. 孩子是否出現符合下列情況的行為：
   ·吸收性心智？
   ·對學習的天生渴望？
3. 你對於「上對下的傳統教學法」和「孩子主動參與學習的教學法」有什麼想法？

在接下來的章節中，我將解說該如何把蒙特梭利的十大原則融入日常生活中：

➡ 觀察孩子，看看他們有些什麼興趣可以自行探索和發現。

➡ 保留讓他們運用語言、運動以及親子共處的時間。

➡ 佈置我們的家，方便孩子完成任務。

➡ 讓孩子在日常生活中有參與感。

➡ 鼓勵孩子擁有好奇心。

➡ 擬定一些基本原則及家庭規則，讓孩子知道規範範圍。

➡ 做孩子的嚮導；記住，他們不需要老闆或僕人。

➡ 讓孩子成長為有特色的人，而不是僵硬地塑造他們。

現在，讓我們一起把這些原則落實到孩子身上吧！

第 3 章

為幼兒設計的
蒙特梭利活動

- 「全人兒童」的蒙特梭利活動

- 蒙特梭利活動的特色

- 如何向孩子示範活動？

- 設計活動的十大原則

- 如何設計蒙特梭利活動？

- 五大活動類型
  手眼協調｜音樂和運動｜日常生活｜
  藝術和手工藝｜語言

- 可以使用蒙特梭利以外的玩具嗎？

「全人兒童」的蒙特梭利活動

　　想在家裡展開蒙特梭利教育，通常最簡單的方法就是從「活動」（activity）開始。

　　蒙特梭利活動是以發展「全人兒童」（Whole Child）為基礎。父母從觀察孩子開始，看看他們的需求，然後設計活動來滿足這些需求。

　　至於幼兒的需求，包括透過各種方式運用他們的雙手（訓練抓握能力、跨越身體中線的能力、換手抓握能力、取拿運送物品、雙手並用）、練習粗大動作、自我表達以及溝通。

　　基本上，幼兒的蒙特梭利活動分為五個主要項目：手眼協調、音樂和運動、日常生活、藝術和手工藝、語言。

　　本書的附錄中有一份為幼兒設計的蒙特梭利活動清單。清單中列出的年齡只是參考指標。請一定要跟隨孩子的步調，看看哪些活動能吸引他們的注意力，並且跳過對孩子來說太困難或太容易的活動。

蒙特梭利活動的特色

　　蒙特梭利活動通常擁有孤立性（意指**針對單一技能**），例如：讓孩子把球透過一個小洞投進盒子裡，並熟練這項技能。許多傳統的塑膠玩具會同時針對多項技能，比如有推的部分、球掉下來的部分，還有會發出聲響的部分等，但蒙特梭利玩具則不同於此。

　　此外，蒙特梭利也喜歡使用**自然素材**製作玩具。因為孩子要運用所有的感官來進行探索，像木頭這樣的自然素材摸起來很舒服，即使被放進嘴裡也相對安全，而且大部分的自然素材其重量和外觀大小通常成正比。

　　雖然使用自然素材製作的玩具價格往往較貴，但是木製玩具通常更耐用，也可以找到二手的，等到孩子用完還可以傳給其他孩子使用。另外，在活動中使用自然素材製成的器具，例如：編織的籃子，更可以將手工製作的元素和美感融入活動空間。

　　許多蒙特梭利活動都有一**個開始、過程和結束的過程**。孩子可以從過程中的一小部分開始進行。隨著他們的發展，漸漸地便可以完成整個工作循環，包括從教具櫃上更換教具。他們在練習時會體驗到平靜，而一旦完成活動就會感到滿足。例如：在插花的時候，一開始孩子可能只對倒水和

用海綿擦拭感興趣，但是慢慢地他們就會學會所有步驟並完成整個活動程序：幫小花瓶裝水、插好所有的花，最後把素材放好並擦拭溢出來的水。

也就是說，蒙特梭利活動擁有**完整的程序**。完成一項活動對於培養孩子的掌控感來說很重要。例如：如果拼圖少了一片，孩子就會感到沮喪。因此，只要缺少任何一片拼圖，我們就會將整組教具從教具櫃上替換掉。

此外，活動所需的物件通常會裝在一個**托盤或籃子裡**。每個托盤或籃子裡都備妥讓孩子能夠獨立完成任務所需要的一切，例如：若活動會接觸到水，我們可能會準備海綿或手套，讓他們擦拭可能濺出的水花。

由於孩子是透過**重複操作**以熟練一項活動，因此活動內容應該正好符合他們的能力，亦即有足夠的挑戰性，不會太簡單，但也不會困難到讓他們放棄。我喜歡看到孩子的畫作出現在曬衣架上，並且用一排曬衣夾夾著，這說明了孩子正在熟練如何把畫掛起來晾乾。

孩子可能只專注並重複活動的某一個部分。例如：他們可能會練習擠海綿或打開水龍頭往水壺裡加水。我們會觀察並讓他們重複嘗試熟練的部分。最終，孩子會在過程中加入更多步驟，或是轉而進行另一項活動。

我們預備的環境，是為了鼓勵孩子能夠擁有**選擇的自由**；而我們會藉由適合孩子能力且總數量不過多的教具，去佈置這個環境。

「教學的任務變得容易多了，因為教師不需要選擇要教什麼，而是把所有東西放在孩子面前，以滿足他們的精神食欲。孩子必須有絕對的選擇自由，他們唯一需要的，就是透過重複操作獲取經驗，這些經驗會隨著他們獲取所需知識並基於自身興趣和專注力，而變得越來越深刻。」

——瑪麗亞·蒙特梭利博士，《開發人類潛能》（*To Educate the Human Potential*）

如何向孩子示範活動？

在蒙特梭利教師培訓中，我們會學習如何在教室中為孩子「示範」進行每一項工作。在示範中，每項工作會分成幾個小步驟，從把托盤拿到桌子上開始，一步一步地示範工作，最後把托盤放回教具櫃上。我們反覆練習每個工作的示範，如此一來，一旦孩子在課堂上需要幫助，我們便已經對工作瞭如指掌，因此可以臨機應變，隨時介入並提供他們適當的幫助。

父母在家也可以使用相同的方法。設計一個活動，先自己做做看，再把活動拆解成幾個小步驟分別練習，藉此評估孩子可能會如何執行。重點是讓孩子選擇自己感興趣的活動，也不去干涉他們要花多長的時間去嘗試。例如：當孩子把東西弄倒時，我們可以靜觀其變，看看他們如何反應或者是否會自己撿起來。如果看到他們手足無措且感到沮喪，可以適時地介入，並說：「看好囉！」接著慢慢地示範給他們看，像是如何轉動罐子的蓋子等。接著，可以再退一步，觀察他們如何處理。

以下是向孩子示範活動的一些小技巧：

➡ 示範時，手部動作要精確且緩慢，方便孩子清楚觀察。例如：在示範解開鈕扣時，我們要把整個過程拆解成細小的步驟，然後慢

慢地向他們示範每一個步驟。

➡ 示範時盡量避免說話，否則孩子會不知道該把注意力放在哪裡。

➡ 每次示範都要盡可能一模一樣，如此一來，孩子就更容易發現自己可能疏忽掉的環節。

➡ 以孩子能掌握的方式進行示範，例如：用「兩隻手」拿托盤或杯子等。

➡ 即便孩子不希望大人幫忙，口頭提示還是可行的，像是在旁邊提醒「用推的、用推的」。我們也可以放他們自己繼續嘗試，直到他們熟練這項任務為止；孩子也有可能會放棄任務，並且在其他時間重新嘗試。

SLOW	我從我的蒙特梭利好朋友珍妮瑪麗‧佩內爾（Jeanne-Marie Paynel）的口中，第一次聽說了「SHOW」（示範）這個縮寫字的由來：由 Slow、Hands、Omit、Words（緩慢、雙手、省略、話語）四個英文單字字首組合而成。這四個字母提醒我們在向孩子示範新事物時，要「慢手」並且「省話」。
HANDS	
OMIT	這麼做，能讓孩子自然地跟上我們緩慢的動作，學習起來更輕鬆。然而，如果我們在示範的同時開口解釋，幼兒會不確定該聽還是該看。因此，示範時請保持安靜，他們才可以專注在我們的動作上。
WORDS	

設計活動的十大原則

① 讓孩子主導

請跟隨孩子的步調和興趣，等待他們為自己選擇，而不要去「建議他們」或是「主導遊戲」。讓他們從正在嘗試熟練的活動中挑選，亦即：不會太容易或太困難；富有挑戰性，卻又不會困難到令他們想放棄。

② 讓孩子隨心所欲地進行活動

當孩子正在熟練一項活動時，即使兄弟姐妹也在等著玩，我們也不要催促他們趕快完成。甚至，等到他們完成活動之後，還可以問他們是否想要再做一次。鼓勵孩子重複，讓他們有機會再做一次，練習、熟練活動，同時提高注意力。

理想上，當孩子高度專注時，我們應該盡量避免打斷他們。即使是一句簡短的搭話，也會讓正在嘗試熟練活動的他們分散注意力，甚至可能導

致他們完全放棄這項活動。靜觀其變，待他們希望得到我們的回應時再出聲，或是當他們感到沮喪再介入協助。等他們完成任務後，再提醒他們做該做的事，像是到桌上來吃晚餐等。

③ 避免時時抽考孩子

父母可能沒有意識到，但平時我們經常在對孩子「抽考」：「這是什麼顏色？」、「我手裡有幾顆蘋果？」、「你能讓奶奶看看你怎麼走路嗎？」

當我兒子還小的時候，我也是這樣對他。我經常要求他展現一些新技能，或是隨時點名他表演一些新花招。當時的我，也許是不自覺想向大家炫耀，或是想讓他學得更快一點。

現在回想，這些行為就像是在對他們抽考一樣。一般而言，考題都只有一個正確答案，所以如果他們答錯了，我們只能糾正他們：「不是的，那朵花是黃色，不是藍色。」而這對於建立孩子的自信心來說，同樣不是正解。反之，我們可以繼續唸物品的名稱給他們聽，提出問題以激發他們的好奇心，並透過觀察來了解他們已經熟練了哪些技能，以及他們還需要持續練習的部分。

現在，我只有在百分之百確定孩子知道答案並且會興奮地告訴我的情況下，才會考考他們。例如：當他們一直在識別藍色物品時，我會指著某個藍色的物品問：「這是什麼顏色？」他們會很高興地大叫：「藍色！」而通常我可以和三歲左右的孩子開始玩這項遊戲。

④ 物歸原位

當孩子完成一項活動後，我們會鼓勵他們把教具放回教具櫃上原來的位置。這個例行的程序，強調了一項任務包含了開始、過程和結束。而且物歸原位能讓空間變得井然有序，也能讓人心平氣和。

對於較小的幼兒，我們可以先示範給他們看，告訴他們教具的擺放位置，並且在活動結束時示範一遍物歸原位的做法。接著，我們可以開始和孩子一起把教具放回教具櫃上：可以是他們拿一部分，我們拿一部分。以此為基礎，繼續鼓勵他們自己把教具放回原處，像是敲敲架子，提示他們擺放的位置。漸漸地，我們就能看到他們自己把越來越多的教具歸位。

孩子可能不會每天都這樣做，就像我們也不是每天都想下廚一樣。為此，與其強制他們做，不如這麼說：「你想讓我做嗎？好吧，我拿這個，你拿那個。」即使是大一點的孩子可能也需要協助，所以可以把任務分成好完成的步驟，像是：「我們先把積木放回去，然後再來把書歸位。」

如果孩子已經開始進行下一個活動，通常我不會打斷他們的注意力。相反地，我會自己收拾物品，為他們示範下一次該怎麼做。孩子可能沒有認真在看我們做這些，但是他們可能從眼角餘光瞄到，或是無意識地吸收學習到我們做了什麼。

⑤ 示範、示範、再示範

孩子透過觀察父母和周圍的人大量吸收學習。因此，我們可以為年幼的孩子想一想該如何執行，他們會比較容易上手，並作出相應的示範，例

如：用雙手推椅子、避免坐在低矮的桌子或架子、一次只拿一件東西等。

⑥ 允許孩子使用任何教具，但使用不當時要制止

孩子會用不同的方式探索活動，而且往往出乎我們的意料。然而，我們要盡量避免插手糾正，以免限制了他們的創造力。如果他們沒有破壞教具或傷到自己及他人，就沒有必要打斷他們。我們可以記在心裡，另找時機再向他們示範這項活動原本的目的。例如：當孩子正在用小水壺把水倒入桶子裡時，我們可以在之後找時間示範給他們看，裝水的小水壺還可以用來澆花等。

然而，當孩子使用不當時，我們可以態度溫和地介入，像是「我不能讓你用杯子敲打窗戶。」然後透過示範告訴他們杯子是用來喝水的，或者設計一項活動讓他們可以使用這項「敲打」技能，如打鼓或是練習使用小錘子和釘子的活動。

⑦ 隨時調整活動難度，以符合孩子的程度

我們可以適時地把一項活動調整得「更容易」或「更困難」。例如：如果孩子在使用形狀分類器時感到困惑，我們可以保留較容易的形狀，如圓柱體，並移走較複雜的形狀。隨著孩子技能的提高，我們就可以再慢慢地增加其他的形狀。

對於年齡較小的孩子來說，有時當活動中使用的教具較少時，有助於

提高他們的注意力。例如：我教室裡的木製穀倉通常有五到八隻動物，總是有孩子在使用它們。隨著孩子逐漸成長，我們可以提供更多的物品。

⑧ 由易至難，將教具按順序放在教具櫃上

從左到右，將教具由易至難放在教具櫃上，我們可以幫助孩子先從較容易的活動做起，再去做較困難的活動。一旦他們發覺某項活動太困難了，隨時都可以回頭做前面的活動。

⑨ 活用現有物品

父母們不需要買齊這本書裡提到的所有教具；這些教具只是用來說明哪些活動可能會引起孩子的興趣。類似的活動也可以用家裡的現有物品來進行。舉幾個例子說明：

➡ 如果孩子對於將硬幣放入投幣口感興趣，與其買一個硬幣盒，不如在一個鞋盒上剪出一個投幣口，再提供一些大鈕扣讓孩子熟練投幣的技能。

➡ 如果孩子對穿線感興趣，可以讓他們把鞋帶穿入生的通心麵內，並在鞋帶的末端打一個大結。

➡ 如果孩子對「開」和「關」感興趣，可以收集舊罐子並且沖洗乾淨，讓孩子用它們練習開關蓋子。或者，用有不同釦子的舊錢包或皮包，在裡面藏一些有趣的東西，讓孩子去探索。

⑩ 留心小零件和尖銳的工具

　　蒙特梭利的活動通常包含許多小零件，或者可能會使用到小刀或剪刀。這些活動應該全程在大人的監督下進行。我們不需要緊迫盯人，只要隨時觀察，冷靜並確保孩子以安全的方式使用這些工具。

如何設計蒙特梭利活動？

　　孩子選來玩的東西，通常是因為他們當下感覺那樣東西「很有趣」。基於這項前提，我會建議與其只是將教具放在教具櫃上，不如花點時間佈置一番，讓它對孩子更具吸引力。例如：

❶ **漂亮的陳列在教具櫃上**：別把教具放在玩具箱裡，把它們擺放在架子上，這樣上面有什麼東西孩子就能一目了然。

❷ **增加吸引力**：把活動素材放在籃子或托盤裡，可以讓它對孩子更具吸引力，當孩子感覺對活動失去興趣時，有時更換托盤也可以重新喚起孩子的興趣。

❸ **將一起使用的道具集中起來**：用托盤或籃子裝好所有必要的素材。例如黏土托盤裡會有裝黏土的容器，以及讓孩子用來塑形、切割和製作圖案的工具，還有一張保護桌子的墊子。

❹ **做好萬全準備，讓孩子在不需成人的幫助下，可以自主完成活動**：例如在繪畫區，我們會把圍裙掛在畫架一側的鉤子上，另一側掛上溼布，可以用來擦拭溢出的顏料、擦手，或是在畫完後清潔畫架。我們也會提供一疊新的圖畫紙，讓他們自己動手。另

外，也會準備一個帶衣夾的折疊曬衣夾，如此他們就可以自己把畫作掛起來晾乾。年幼的孩子在進行這些步驟上通常需要一些協助，但是他們逐漸可以自行承擔越來越多的活動。

⑤ 分解活動： 對孩子來說，已完成的活動不像未完成的活動一樣有吸引力。在把教具放回教具櫃之前，先把它們分解，例如：把拼圖碎片放在左邊的碗裡、把空的拼圖底座放在右邊。順帶一提，從左到右的動作追蹤（使用教具），也是在間接為閱讀做準備。

範例

❖ 組成要素

- ✓ 托盤
- ✓ 尚未完成的活動
- ✓ 從左到右
- ✓ 由易至難陳列於教具櫃上
- ✓ 符合孩子的高度
- ✓ 擁有漂亮的外觀以吸引孩子的興趣
- ✓ 對孩子有挑戰性——不會太容易，也不會太困難
- ✓ 確定一切都準備就緒
- ✓ 孩子可以自己掌握的物品

1、水彩

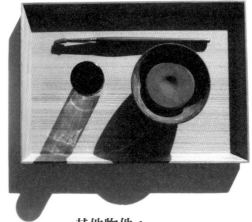

托盤上的物件：

✓ 水彩筆
✓ 裝有少量水的小罐子
✓ 水彩顏料（若能找到單色包裝的顏料，就從單一顏色開始，顏料就不會被混在一起）。

其他物件：

✓ 保護桌子用的桌墊
✓ 水彩紙（比普通紙厚一些）
✓ 一塊抹布，用以擦拭噴濺出來的顏料

2、佈置餐桌

我們可以向孩子示範餐桌應該如何佈置，並準備以下這些物件：

✓ 一個真正的玻璃杯，小到足以讓孩子能夠充分掌握
✓ 碗或盤子
✓ 小叉子、小湯匙（如果你的孩子已能使用，亦可附上小餐刀）

其他物件：

✓ 印有叉子、湯匙、餐刀、碗和玻璃杯位置標記的餐墊

五大活動類型

 ① 手眼協調

幼兒時時刻刻都在強化他們的抓握能力，同時練習雙手並用。所以找些新的方法，幫助他們挑戰這些動作吧！

穿線活動

穿線的動作能強化孩子的抓握能力、手眼協調能力和靈活度，同時也可以練習雙手並用。

➡ 嬰兒十二個月大時，就能從套圈圈教具的底座上取下大圈環，再把它們放回去。

➡ 小一點的孩子，可以將圈環從大到小依序排列。

➡ 有一種類型的套圈圈教具，其底座會有三種顏色（如紅、黃、藍），以及相應三種顏色的圈環。一開始，孩子不管顏色，只是興致盎然地把所有的圈環套上底座。再來，他們會在把紅色圈環套上藍色底座時，停頓下來，接著尋找紅色的底座，再把紅色圈

環套上去，想將顏色配對。

➡ 接下來，我們可以為孩子準備水平式的套圈圈活動。把垂直式的套圈圈改成水平式，就能運用到「跨越身體中線」的動作，也就是，孩子會用一隻手從身體的一側朝向另一側，做出穿越身體中線的動作。

➡ 下一步，孩子可以從套圈進化到串珠。首先，我們可以提供一些珠子和一根大約三十公分長的細木棒給孩子，幫助他們入門。

➡ 接著準備一條鞋帶和一些珠子。選擇串珠教具組時，可以找末端有大約三到四公分木製繩頭的鞋帶，對幼兒來說會更容易操作。

➡ 我們會看到孩子用一般粗細的鞋帶串連大顆的珠子。

➡ 最後，他們可以用較細的鞋帶串連小顆的珠子。

放置活動

透過放置的過程，孩子能學會如何把物品放進容器裡，並開始理解「物體恆存」（Object Permanence，亦即東西雖然不在手上了，但它還會再出現）的概念。

➡ 十二個月以前：小嬰兒喜歡把球放進盒子裡，或用木錘把球敲進一個洞裡。

➡ 十二個月左右：幼兒會轉而將形狀推入洞裡。從圓柱體開始，接著是更複雜的形狀，例如：立方體、三角柱等。

➡ 隨著靈活度的增加，幼兒可以開始將大硬幣（或籌碼）投入幣孔裡。在我們班上，將硬幣投入一個附鑰匙的硬幣盒是孩子最喜歡的活動之一。

開闔活動

另一個鍛鍊孩子雙手的方法，是提供機會讓他們開闔各種容器。

➡ 使用帶釦了的舊錢包、空罐子、有暗釦的容器、帶拉鍊的錢包等，我會在裡面藏各式各樣的東西讓孩子去探索。例如：一個嬰兒娃娃、一顆骰子、一個陀螺、一個去掉環扣的鑰匙圈等。

➡ 找一個可以上鎖的箱子，讓孩子可以打開和關閉各種鎖（包括附鑰匙的掛鎖），讓他們探索藏在裡面的小物件。

釘板和橡皮筋、螺帽和螺絲

這些活動是完善孩子「精細動作」發展的好方法。

➡ 孩子可以透過在釘板上拉伸橡皮筋或鬆緊帶，來提高協調能力。

➡ 孩子可以用一隻手握住螺栓，另一隻手轉動螺帽，讓兩隻手一起操作。

➡ 提供各種尺寸的螺帽和螺絲，讓孩子依尺寸大小排列。

分類活動

幼兒在大約十八個月時，會開始對依照物品顏色、類型和大小進行分類感到興趣。因此，我們可以準備一組物品（或者和孩子一起在海邊、森林或花園裡蒐集會更好），先把它們放在一個大碗裡，再讓孩子依種類分裝到幾個小碗裡。

有隔層的容器也非常適合進行分類活動。至於適合用來進行分類活動的物件有：

➡ 兩個或三個不同顏色／大小／形狀的鈕扣。

➡ 兩種或三種不同的貝殼。

➡ 兩種或三種不同的帶殼堅果。

神祕袋

兩歲半左右的孩子喜歡透過「感覺」來辨識物品，因此「神祕袋」（Stereognostic bags）[5] 遊戲，能讓他們樂在其中。

請準備一個袋子（難以直接看到內容物的袋子最為理想），把各種物品放在裡面。孩子可以伸手進去憑感覺猜猜是什麼東西，或者是大人說出物品名稱，讓他們從袋子裡摸出來。

➡ 在袋子裡隨機放置物品，或設定主題選擇置入的物品，也可以放入幾組成對的物品。

➡ 選擇形狀明顯的物品，例如：鑰匙或湯匙，而不是像動物形狀那樣難以區分的物品。

握鈕嵌圖式拼圖

嬰兒和剛學走路的幼兒喜歡拆解拼圖。握鈕嵌圖式拼圖（Knob puzzles，又稱手抓板）是一種附有握鈕的形狀拼圖，非常適合這個年齡層的孩子。當孩子十八個月左右時，他們可能已經能把一些簡單的形狀放入拼圖底座了。

➡ 幼兒可以先從三至五片附有大顆握鈕的手抓板開始練習。即使孩子無法將拼圖放回原處，他們在嘗試的過程中，一樣能訓練自己的精細動作發展。此時，我會介入示範，將拼圖放回原位，這樣他們就可以重複拿出來的過程。

註 5：Stereognosis，即為「觸識覺」，指透過感覺辨識一項物品。

⇒ 等到孩子十八個月後，就可以開始玩附有握鈕或沒有握鈕的九宮格拼圖。

⇒ 下一個階段才是拼圖：有一些類似傳統的拼圖，所有的碎片皆為相同大小；有一些以物件的形狀為主題，如樹的形狀。難度取決於碎片的數量。

NOTE 幼兒完成拼圖的方式和大人不一樣，大人往往先找到角落和邊緣，幼兒則習慣看哪些形狀適合拼在一起。當他們剛開始玩拼圖時，大人可以先示範給他們看，或者一次給他們兩塊合在一起的拼圖。他們會做得越來越順手，直到熟練整個拼圖遊戲。

 ② 音樂和運動

音樂

每個人都需要動，所有文化中的音樂和舞蹈也都具有悠長的歷史。想讓孩子在家中享受音樂的樂趣，我們不一定要擁有好歌喉或彈一手好琴——只要我們享受音樂，他們也會沉浸其中。除了跟著音樂歌唱，用樂器製造聲響、模仿孩子發出的節奏、學做他們的動作，或是進行開始與暫停的律動遊戲等，也都一樣有趣。

至於適合幼兒的樂器有：

⇒ 搖動樂器，如：沙鈴、鈴鼓、沙槌、沙桶

⇒ 木槌敲擊樂器，如：木琴、鼓、響筒

⇒ 吹奏樂器，如：口琴或直笛

➠ 手搖音樂盒

聽音樂也是一項活動，儘管它們有點老式，但 CD 播放器或舊的 iPod
（只能儲存音樂那種）能讓孩子為自己選擇音樂。我們甚至可以準備一個
墊子，讓他們隨時都能攤開，作為跳舞墊。

許多孩子在音樂響起時都會本能地舞動。每個家庭可能有各自傳統或
家族的舞蹈，是孩子喜歡表演或觀賞的，或是隨著《巴士上的輪子》（*The
Wheels on the Bus*）、《頭兒肩膀膝腳趾》（*Head, Shoulders, Knees, and
Toes*）等兒歌，自發性的歌唱加上舞動，逗得眾人哈哈笑。

此外，帶孩子去聽音樂會也是很好的選擇。許多音樂廳很歡迎孩子，
甚至有為孩子設計的專業表演，在表演結束還會帶孩子去參觀樂器。

運動

大人可以為孩子製造各式運動機會，例如：

➠ 跑步

➠ 跳躍

➠ 跳繩

➠ 單腳跳

➠ 吊單槓（像猴子一樣擺動）

➠ 騎單車

➠ 攀爬

➠ 滑行

➠ 平衡

➠ 踢球和丟球

即便天氣不是很好，陪伴孩子運動時建議可以選擇在戶外，如：後院、附近的森林、遊樂場、城鎮廣場、海灘、山間、河流或湖泊等。正如斯堪地納維亞人常說：「沒有壞天氣，只有不合時宜的衣服。」生活在荷蘭我們，總會穿上防水外套，騎著自行車出發。

如果空間允許，還可以考慮將運動納入家中。在我的教室有一個攀岩牆，較小的孩子會從較低的支點往上拉；等到兩歲左右時，他們會在大人的協助下練習攀爬。不久之後，孩子就能承受自己的體重獨立攀爬；他們身體的每一塊肌肉都在努力活動。

另外，孩子也喜歡玩躲貓貓，所以可以考慮用毯子和椅子、吊床和帳篷來設計空間。雜草叢生的花園，也是令人雀躍不已的藏身之處。

③ 日常生活

大部分的家長都會注意到幼兒在家裡喜歡到處幫忙，一起參與有關照料起居和環境的大小事。這些對家長來說可能是例行家事，但年幼的孩子卻喜歡這些活動。事實上，日常生活活動有助於安撫好動的孩子。

蒙特梭利博士很早就發現，在她的學校裡孩子喜歡幫忙整理教室、打理自己、照顧同學和環境。因此，她運用兒童尺寸的工具來幫助他們獲得這些成就感。

另外，這些活動有助於學習事情的前後順序，例如：取出並穿上圍裙，直到把碗洗好、擦乾。

不過，讓孩子幫忙家事可能會拖慢進度且需要在旁監督，所以，此時我們應降低對最終成果的期望，比如：切片的香蕉片可能會被弄得糊糊

的、豆莢兩端可能沒有切掉等。然而,一旦孩子掌握了要訣,他們就會變得越來越獨立。

我的孩子在烘焙和烹飪中長大,現在已是青少年的他們依然經常烘焙,有時還會主動提出要替大家準備晚餐。

一般來說,可以讓孩子幫忙的日常工作有:

➡ **照顧植物**:澆花、為葉子除塵、播種、在小花瓶裡插花(用一個小漏斗和小水壺替花瓶裝水)。

➡ **食物備置**:洗菜、打蛋、從小容器中舀出自己要吃的麥片,並從小瓶子倒入牛奶。

➡ **點心時間**:從開放且無障礙物的點心區自己拿東西吃(我們可以每天讓孩子一起幫忙補充食物,分量多寡則由我們拿捏)、削水果、在餅乾上塗抹配料、榨柳橙汁、用小瓶子倒水喝。

➡ **用餐時間**:佈置和清理餐桌、洗碗。

➡ **烘焙**:輪流做、測量原料份量、幫忙添加原料、攪拌。

➡ **清潔**:掃地、除塵、擦除水漬、擦窗戶、擦鏡子。

➡ **照顧寵物**:餵寵物、幫忙遛狗、在寵物碗裡加水。

➡ **學習自我照顧**:擤鼻涕、梳頭、刷牙、洗手。

➡ **自己穿衣服**:穿 T 恤、穿脫襪子和褲子、貼牢鞋子上的魔鬼氈、穿上外套(請參閱 197 頁的蒙特梭利外套翻轉穿法)、練習開闔拉鍊／按鈕／鈕扣、繫鞋帶和鬆開鞋帶。

➡ **幫忙洗衣服**:把髒衣服放到洗衣籃或洗衣機、加肥皂水或洗衣精、從洗衣機裡取出洗好的衣服、把曬好的乾淨衣服分類。

➡ **招呼過夜的訪客**:鋪床、為客人放好乾淨的毛巾、收好玩具。

➡ **超市購物**:用圖片列出購物清單、從貨架上拿東西、幫忙推購物

車、把東西遞給爸爸媽媽再放到收銀臺上、提雜物袋、到家後把物品拿出來擺好。

⇒ **小小志工**：樹立助人為樂的榜樣永不嫌早，當孩子還小的時候，我們每週的出遊活動之一，就是去當地的一家療養院探望同一位年長者。接待年輕的孩子是年長者每週的活力來源，同時也能讓孩子在很小的時候，就體會到助人的美好感受。

設計活動的小訣竅

請記住，讓孩子幫忙做家事的過程應該要好玩。所以，在快要累倒之前務必停下來，然後再找時間繼續練習吧！

⇒ 準備好清潔用品：無論是水、洗潔精，或是旅行用洗髮精，只拿取預計使用的分量。

⇒ 準備好清潔道具：在桌上放一副手套，用來清理小範圍的髒汙；兒童尺寸的掃帚和拖把則可以處理較大範圍的髒汙。

⇒ 當孩子兩歲前，工作流程可能只有一、兩個步驟。隨著他們愈來愈熟練，可以增加更多步驟（如穿上圍裙、事後清潔、將溼布拿到洗衣間等）。

⇒ 注重過程，而非結果。讓孩子幫忙家事往往會耗費更長的時間，而且成果可能並不完美，但是他們正在學習掌握這些技能，有一天會成為家中終身的好幫手。

⇒ 尋找事情讓孩子幫忙：當他們還小的時候，只進行簡單的步驟或動作，例如：十八個月大的孩子可以在父母把褲子拿到洗衣籃時，幫忙拿著 T 恤，或是幫忙沖洗晚餐要吃的菜葉；兩歲之後，他們就可以協助做更多的事情。

⇒ 找一些籃子、托盤和簡單的置物架，擺放孩子幫忙時能用上的物品，如：將所有擦窗戶的用具放在一起，以方便他們當小幫手。

⇒ 我們不需要花很多錢準備工具。好好善用家裡既有的物品來設計活動，就能控制自己的預算，同時也可以留意一些漂亮的物品，像是木製掃帚或是一些大型物件，例如：學習塔（Learning tower，一種兒童安全階梯凳），將它們加到生日或其他特殊節日的購物清單裡。

進行日常生活活動的好處

日常生活活動除了能讓孩子從中獲得純粹的快樂之外，還有更多的價值：

⇒ 讓孩子學習在家裡承擔責任。

⇒ 親子可以一起設計、練習和熟練活動。

⇒ 親子協作，創造交流機會。

⇒ 日常生活技能需要反覆練習才能掌握，有助於培養孩子專注力。

⇒ 孩子喜歡感覺自己是家庭的一分子，並且能夠做出貢獻。

⇒ 日常生活活動與「順序」息息相關。隨著孩子專注力的增長，我們可以為他們增加活動的步驟。

⇒ 日常生活活動需要大量的動作，對於完善孩子的「精細動作」和「粗大動作」技能都非常有幫助（例如：倒水時不會溢出、使用海綿等）。

⇒ 進行日常生活活動時，連帶有許多語言練習的機會，像是：告訴孩子我們正在做的事情，或是提供詞彙，比如各種廚房用具、食物、清潔工具的名稱。

➡ 孩子能藉由日常生活活動學習新技能、獨立，同時感覺到自立。

我總說，從小開始打下堅實的基礎是好事，在孩子有意願時，這些實用的生活技能幫助孩子學會照顧自己、照顧別人（如寵物），以及照顧周圍環境。

 ④ 藝術和手工藝

曾經有人問蒙特梭利博士，「在蒙特梭利環境中，是否可以培養出優秀的藝術家？」她的回答是：「我不知道我們是否培養了優秀的藝術家，但是我們確實讓孩子擁有一對富觀察力的眼睛、一副有感覺的靈魂和一雙靈巧的手。」

對於幼兒來說，藝術和手工藝活動是訓練自我表達、動作和體驗不同材料的媒介。**但請記得「過程」比「結果」更重要。**

至於適合幼兒的各種類型藝術和手工藝活動有：

➡ **蠟筆或色鉛筆塗鴉**：引導較小的幼兒進入藝術和手工藝活動時，我們會從繪畫開始。首先尋找能在圖畫紙上畫起來較順暢的蠟筆或鉛筆。矮胖的色鉛筆通常更容易讓幼兒抓握，而且顏色種類往往比一般色鉛筆更多。另外，用蜂蠟或大豆等天然材料製成的蠟筆，也非常適合幼兒使用。

➡ **水彩畫**：接下來，我們可以為孩子加入水彩畫的活動。一開始，我喜歡用一至兩種顏色；如果一次用太多顏色，最後很可能都變成了褐色。托盤裡可以放一個用來裝水的小罐子（飯店自助餐的

依不同年齡層選擇合適的日常活動

　　想知道如何讓孩子在家中有參與感嗎？這裡列出一些適合給各年齡層孩子的日常生活活動。你會看見我們如何為十二到十八個月的孩子設計單一步驟的活動，來建構他們的技能。除此之外，我們也為十八個月到三歲的孩子增強活動的難度。至於三到四歲的孩子，不僅能熟練嬰幼兒時期的活動，還可以執行時間更長、內容更複雜的活動。

❖ 12 至 18 個月

廚房

- ✓ 用小瓶子倒水或牛奶；瓶中只需裝入少量液體，以避免打翻
- ✓ 在麥片中加入牛奶
- ✓ 把麥片舀到碗裡
- ✓ 用抹布擦拭溢出的液體
- ✓ 把盤子拿到廚房
- ✓ 用杯子喝水

浴室

- ✓ 梳頭
- ✓ 在大人的協助下刷牙
- ✓ 洗手
- ✓ 收拾洗澡玩具
- ✓ 取出並掛好毛巾

臥室

- ✓ 取出尿布或內褲
- ✓ 把髒衣服放入洗衣籃
- ✓ 打開窗簾
- ✓ 在兩件衣服中挑選一件
- ✓ 在大人的協助下穿衣服
- ✓ 脫掉襪子

其他

- ✓ 幫忙收拾玩具
- ✓ 拿鞋子
- ✓ 當父母的小幫手（例如對他們說「請把澆花器拿給我好嗎？」）
- ✓ 開燈／關燈

❖ 18 個月至 3 歲

廚房

✓ 準備一份點心／三明治
✓ 剝香蕉皮並切片
✓ 剝橘子皮
✓ 在大人的協助下，為蘋果去皮並切塊
✓ 清洗水果和蔬菜
✓ 榨柳橙汁
✓ 佈置／清理餐桌
✓ 擦拭桌子
✓ 掃地；請使用小型掃把和畚箕
✓ 幫忙煮咖啡（按咖啡機上的按鈕／拿杯子和杯盤）

浴室

✓ 擤鼻涕
✓ 刷牙
✓ 洗澡；請使用旅行用沐浴乳以減少浪費
✓ 洗臉

臥室

✓ 幫忙鋪床單、整理床鋪
✓ 挑選要穿的衣服
✓ 在大人適度的協助下，穿上衣服

其他

✓ 在小花瓶中插上鮮花
✓ 收拾和攜帶包包／背包
✓ 穿上外套
✓ 穿上有魔鬼氈的鞋子
✓ 澆花
✓ 把玩具收進籃子裡並放回架子上
✓ 清潔窗戶
✓ 將衣服放入洗衣機和烘衣機／取出洗衣機和烘衣機裡的衣服
✓ 將襪子和衣服按顏色分類
✓ 從超市貨架上拿取商品、幫忙推車，回家後幫忙拆開物品包裝
✓ 清灰塵
✓ 為狗狗套上牽繩、梳毛

❖ 3 至 4 歲

廚房

- ✓ 從洗碗機裡取出餐具
- ✓ 測量和拌勻烘焙用的原料
- ✓ 把蔬菜洗乾淨並去皮（如：馬鈴薯和胡蘿蔔）
- ✓ 協助烹飪（如：製作千層麵）

浴室

- ✓ 使用馬桶／沖水／蓋上馬桶蓋
- ✓ 將髒衣服放到洗衣房
- ✓ 如廁後在大人的協助下擦屁股
- ✓ 洗頭；請使用旅行用洗髮精以減少浪費

臥室

- ✓ 鋪床、套被單
- ✓ 將衣服放入抽屜／衣櫥

其他

- ✓ 餵寵物
- ✓ 幫忙做回收
- ✓ 摺衣服
- ✓ 摺襪子
- ✓ 使用吸塵器
- ✓ 用遙控器打開車門

迷你果醬罐是最理想的尺寸）、一枝水彩筆和一個水彩盤。圖畫紙底下可以鋪一塊墊子以保護桌子。如果孩子想重複畫，請多準備一些圖畫紙，同時放一塊乾布，方便他們隨時擦拭噴濺出來的顏料。

➡ **剪紙活動**：孩子十八個月左右時，我們可以開始教他們使用剪刀（使用時需要大人從旁監督）。從事剪紙或切割活動時，請使用末端為圓角且方便使用的剪刀，並向孩子示範正確的使用方法。示範時，我們可以坐在桌子前握住手柄，而不是刀片。另外，也可以為孩子準備一些易於剪斷的小紙條，並準備一個小信封袋，讓孩子剪完之後可以把小碎片收集到信封袋裡，再用貼紙封住。

➡ **黏貼活動**：到了孩子十八個月左右，黏貼活動對他們來說不僅非常有趣，還能幫助他們完善肢體動作，像是讓他們把膠水（或口紅膠）塗抹在特定形狀的紙片後面，再貼到另一張紙上。

➡ **顏料和粉筆**：對孩子來說也很有趣。不過，對於年紀較小的幼兒，建議是在大人監督的情況下再放顏料。同樣地，也請備妥溼布，以便擦手、擦地板或擦黑板。

➡ **黏土、自製無毒黏土和動力沙（Kinetic Sand）**：對幼兒來說都是激發創意的良好媒介。我們可以額外準備一些簡易工具，例如：擀麵棍、餅乾模、鈍刀或塑形工具，讓孩子能以多種方式使用這些材料。我也非常喜歡和孩子一起把玩黏土（可參考附錄中我最愛的自製無毒黏土配方）。

➡ **縫紉活動**：待孩子到了兩歲半左右，可以為他們準備簡單的縫紉活動。縫紉箱內準備一個裝有鈍針的針盒、一些線，以及一個十乘十公分的正方形紙板，並沿對角線打孔。

⇒ **參觀博物館**：博物館小旅行有助於培養孩子欣賞藝術。在博物館裡，可以進行尋找顏色、素材和動物的活動。另外，也可以玩一些簡單的遊戲，例如：從博物館的商店中挑選一張明信片，然後請孩子在博物館中尋找明信片上的藝術品。

設計活動的小訣竅

❶ **盡量不制訂規則**：我們可以向孩子示範材料的使用方式，但不要告訴他們該用材料做什麼，讓他們自行嘗試。基於這個原因，蒙特梭利教師傾向不使用著色書，因為那代表要孩子畫在線條內。同樣地，我們也盡量不限制孩子只用綠色畫草地或用藍色畫天空。他們可以自己選擇，並盡情發揮創意。

❷ **給予回饋**：在蒙特梭利教育中，與其告訴孩子他們的美術作品「很棒」，我們更希望讓孩子自己決定是否喜歡自己的作品。我們會給予回饋和鼓勵，我們可以描述眼睛看到的，比如說：「我看到你在這裡用黃色畫了一條線。」這可能比說「做得好」更具意義，這樣孩子就會知道我們欣賞他們作品的哪些部分。

此外，幼兒在繪畫時多半只是藉由畫筆的移動進行自我表達，因此，我們可以問：「你想跟我說說你的畫嗎？」而不是「這是什麼？」因為這些作品可能不是特別畫一個什麼東西，只是孩子單純肢體動作的呈現。

❸ **使用高品質素材**：我總是建議質高於量，這在使用藝術材料時尤其重要。一樣的預算，我寧願買少少幾枝品質較好的鉛筆，也不願意買一大堆更便宜但容易斷裂、色彩也不豐富的鉛筆。

❹ **用例子直接示範**：當我們向孩子示範如何使用美術材料時，彎曲

或鬆散的線條往往比畫一個完整的圖案更好。假設我們畫一朵完美的花，而孩子只能潦草地畫，這時，往往有些孩子就會不想嘗試了。

與此相對，我強烈建議和孩子一起創作，這不僅非常有趣，也像是與他們一起並肩作戰。不過，我們最好另外準備一張紙，而不是直接在孩子的紙上畫。因為我們不知道孩子對作品的想法。試想，你會在美術課同學的自畫像上畫一顆小愛心嗎？

不過，想開啟孩子的藝術細胞和審美觀，最好的方法就是把藝術家的美麗作品掛在家中的牆壁上，且高度與孩子身高相仿，供全家欣賞。

 語言

「給物品取名字有一個『敏感期』……如果大人以適當的方式回應孩子對語言的渴求，就能帶給孩子豐富又精確的語言，使他們終生受益。」
——西爾瓦娜・蒙塔納羅（Dr. Silvana Montanaro），《了解人類》（*Understanding the Human Being*）

孩子的敏感期讓我們擁有這獨特的機會，讓孩子接觸並輕鬆地吸收美麗豐富的語言。如同認識各種水果名（香蕉、蘋果、葡萄等）一樣，他們也可以學習不同車輛的名字，從堆土機到移動式起重機；或是鳥類的名字，如紅鶴或大嘴鳥。

總之，盡情地樂在其中吧！當說不出某隻鳥、某棵樹或某輛卡車的名

字時，你可能會發現自己的詞彙量有限，此時可以和孩子一起查閱，找出正確的名字。

詞彙籃（又稱命名材料）

為了提升幼兒學習單字的欲望，我們可以把詞彙籃放在一起，讓他們進行探索。將籃子裡的物品按照主題分類：廚房用品、動物、工具或樂器等。這種方式能讓孩子更容易在一組熟悉的物品中學習新詞彙。至於詞彙籃的設計順序如下：

⇒ **真實的物品**：第一個詞彙籃請放真實的物品（比如三到五個水果或蔬菜），如此當我們向孩子唸出它們的名字時，孩子可以直接觸摸、感覺和探索。

⇒ **複製品**：下一個階段則是複製品。教室或家裡不可能有真正的大象，所以可以用複製品作為物件來呈現更多的詞彙。同樣地，在我們唸出名字時，可以讓孩子將複製品握在手中；這是一種富有觸覺且手腦並用的語言學習法。

⇒ **卡牌與實物配對**：接著，孩子可以開始學習將圖片對應至真實物品。我們可以製作印有物品圖案的卡牌，讓孩子將卡牌與實物配對。如果能拍下實物的照片再列印出來更好，如此一來圖案的大小就能與實物相連結；幼兒喜歡把實物放在對應卡牌的圖片上面，讓下方的圖案被「隱藏」起來。

⇒ **開始認識物品用途，而非單純外觀**：一旦孩子能將實物和相同的卡牌配對成功，他們就開始有能力識別相似圖案的卡牌。因此，我們可以用垃圾車的圖片做一張卡牌，讓它看起來和垃圾車相似，但是不完全相同。如此一來，他們在配對時就必須確實地認

識到垃圾車的特色和用途，而不是單只是以大小、顏色或形狀識別。在這個步驟，通常可以使用書中的圖片和家中的物品配對來完成。例如：孩子可能會拿起一隻鳳頭鸚鵡玩具，然後跑到書架前抽出一本他們最愛的書，向我們展示書中鳳頭鸚鵡的圖片。

➡ 詞彙卡：為幼兒設計的最後一步是詞彙卡。我們可以準備有主題的卡牌，例如：車輛、園藝工具等，幫助孩子學習詞彙。

閱讀書籍

我們可以選擇適合的書籍與孩子分享，並時常為他們大聲朗讀。六歲以下的孩子，對世界的理解是基於他們眼睛看見的事物。因此，他們喜歡那些反映日常生活的書籍，比如：購物、拜訪祖父母、穿衣服、城市生活、季節和顏色的主題。

我們教室裡最受歡迎的一本書是珍·歐梅洛德（Jan Ormerod）的《陽光》（Sunshine），這是一本沒有文字的繪本，講述一個小女孩睡醒後準備出門的故事。因此，當孩子在讀過一本關於女巫的書之後，認為女巫真實存在並且感到害怕，我們也就不用太意外了。因此，蒙特梭利的理念是等孩子超過六歲之後，再接觸奇幻故事（尤其是可怕的故事），因為此時他們才能開始理解現實和幻想之間的區別。

那麼，該如何為孩子選書呢？建議的標準如下：

➡ **寫實圖片**：寫實的圖片能反映出孩子在日常生活中所看到的東西，進而讓他們可以立即且更容易地連接起來，所以，人在開車的圖片比熊在開車的圖片更為恰當。

➡ **插畫精美**：孩子會吸收書中藝術品的美感，所以請選擇插畫精美的書籍，讓孩子能耳濡目染。

活用語言材料的三階段教學法

❶ 命名	詞彙籃的主要目的，是讓孩子學習某些物品的單詞。我們在告訴孩子每項物品的名稱時，同時會觀察、翻動、感受和探索這個物品，亦即我們只會給出物品的名稱，比如說「長頸鹿」，而不是講出如「長脖子」等不完整的描述。
❷ 玩遊戲	藉由玩遊戲可以觀察孩子能認出哪些物品。「你能找到打蛋器嗎？」他們就會給爸爸媽媽看打蛋器，然後家長就說：「你找到了打蛋器。」再把它和其他物品混合在一起。另外，在使用卡牌的時候，也可以玩幾個遊戲： · 把卡牌一張一張地攤開，讓孩子找到匹配的物品。 · 請孩子選擇一個物品，再把卡牌一張一張地翻給他們看，直到他們發現匹配的卡牌。 · 將卡牌攤開，沒有圖片的那面朝向孩子，並讓他們挑選一張卡牌，並尋找與之相匹配的實物。 如果他們選錯了，請在心裡記下他們混淆了哪些物品的名稱就好，不要當場糾正他們「不對」，我會說這樣的話：「啊，你想把小提琴放在大提琴上。」而在之後，我們可以再次回到第一階段，重新介紹這些他們配對失敗的名字。
❸ 驗證	對於三歲以上的孩子，當父母知道他們已經掌握一個物品的名稱，便可問：「這是什麼？」因為他們會很高興地說出自己知道答案，並在說出物品名稱時對自己感到很滿意。不過，當他們小於三歲時，我們就不進行第三階段，因為他們往往是前言不搭後語，或者可能犯錯，如此會傷害他們的信心。因此，請等到他們絕對知道物品的名稱之後，再進行這一個步驟。

⇨ **詞彙量**：對於年紀較小的幼兒，我們可以選擇每頁只有單字或簡單句子的書籍。至於大一點的幼兒則可以給他們更長的句子，或是富有押韻的書籍。此外，他們也喜歡讀童詩。

⇨ **不同材質的書頁**：可以先從較硬的硬卡書開始，而當孩子學會適當翻閱書本時，可再換上由一般紙張組成的書。翻翻書對幼兒來說也很有趣，父母也能同步引導孩子在翻閱時的動作要溫柔。

⇨ **大人也能樂在其中**：孩子多半是從大人那裡獲得了對閱讀的熱愛，所以要選擇你也想多次閱讀的書籍，因為他們經常會喊：「再念一次！再念一次！」

⇨ **多樣性**：我建議尋找反映家庭、種族、國籍和我們不同信仰體系的書籍，如此，可讓孩子認識多元背景和學習尊重。

父母向孩子示範如何閱讀書本時，就像向他們示範如何拿杯子一樣，必須放慢動作，小心翼翼地翻頁，並在閱讀後把書本放回至書架上。

偶爾我們可能會想在收藏中擁有一本超現實的書籍。而當孩子發現這樣的書籍時，通常我會以趣味的方式帶領孩子閱讀，像是：「熊真的會去圖書館嗎？不～這是假裝的，很有趣吧！我們一起看看接下來發生什麼事。」

和孩子對話

🖋 描述我們周圍的世界

大人是孩子的主要語言來源，所以可以用一天當中的任何時刻來描述我們正在做的事情。這可能是任何事情，比如：從在外面散步、早上穿衣

服到做晚餐。盡可能使用豐富的語言，為我們發現的事物提供適當的詞彙，例如：狗、蔬菜、食物、車輛、樹木和鳥類的名稱等。

🍃 鼓勵孩子表達自我

即使是年紀很小的孩子也能進行「對話」。對話能幫助孩子了解他們自己所說的話是重要的，並鼓勵語言發展。爸爸媽媽可以停止正在做的事情，看著他們的眼睛，讓他們需要多長時間就花多長時間，說出自己想說的話；儘管這很難做到，但請盡量不要幫他們完成他們想說的句子。

例如：如果孩子說「丘丘」，這表示球，而爸爸媽媽可以透過在句子中加入目前環境中有的真實的單詞，來表示你已經聽到了，比如「是的，你把球扔到了花園裡。」此外，爸媽也可以問一些簡單的問題，來幫助孩子延伸他們的故事；或者如果孩子還不會說話，爸媽不確定他們想說什麼，可以要求他們以動作表達。

🍃 沉默時刻

在一天當中也包含了沉默時刻；雖然我們難以完全過濾掉背景雜音，同時沉默對語言學習也沒什麼幫助，然而，大人很喜歡對孩子所做的一切「給予回應」。但有時保持沉默，讓孩子自己評價自己所做的事情，也是可以的。孩子可理解的不僅是嬰兒的談話和簡單的指示，他們也希望被納入大人日常生活的交流和對話中。

手眼協調活動範例

1. 握鈕嵌圖式拼圖

　　這個動物形狀拼圖有五片，非常適合幼兒操作。同時握鈕的尺寸較小，有助於同步訓練他們的抓握能力。這項活動適合在孩子十八個月左右開始進行。

2. 放置活動

　　孩子可以藉由努力把硬幣投入小縫（投幣口）中，提高他們的放置能力。這是我們班上十六個月左右大的孩子最喜歡的活動之一。

3. 螺帽和螺絲

　　這套螺帽和螺絲的教具，非常適合孩子練習從最小到最大依序排列，並練習將螺帽旋在螺絲上。孩子開始會把螺絲放入螺帽洞裡，而大一點的孩子則會喜歡不斷練習，以熟練地持續將螺帽旋在螺絲上。這項活動適合從孩子兩歲左右開始。

4. 神祕袋

神祕袋的目的是讓孩子只用「觸摸」的方式，去感覺袋子裡放的物品是什麼；袋內的物品可以是有主題性、成對的東西，或者，難度最高的就是隨機把家中物品放進袋內。這項活動適合從孩子兩歲半開始。

5. 穿線活動

穿線活動很適合孩子練習用兩隻手一起操作。請從旁觀察孩子的能力，並依據他們的能力，隨時改變珠子大小和線的粗細。這項活動適合從孩子十六個月大開始。

6. 開闔活動

孩子喜歡在舊錢包、有蓋的罐子或不同開口形式的容器，做打開和關閉的練習，比如有拉鍊、暗釦和鈕扣的錢包，來尋找小物件。這項活動適合從孩子十八個月大開始。

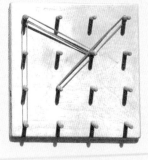

7. 分類活動

孩子對按照類型、大小和顏色進行分類的活動十分感興趣，例如：按照顏色分類的小鈕扣等。這項活動適用兩歲以上的孩子。

8. 釘板和橡皮筋

我喜歡看孩子在這項活動中發展他們的手眼協調能力。當他們練習在釘板上拉伸橡皮筋時，需要極大的專注力；有時大一點的孩子還可以做出一些有趣的圖案。這項活動適合從兩歲左右開始。

音樂和運動活動範例

1. 敲擊樂器

　　無論是年紀小一點或大一點的孩子，都很喜歡透過敲打或撞擊樂器來發出聲音。建議可以考慮選擇三角琴、鼓、響筒或木琴這類的樂器。另外，年紀小一點的孩子在敲擊三角鐵時，我們可以幫忙握住它。一般而言，敲擊樂器適合任何年齡層的孩子。

2. 搖動樂器

　　透過搖晃發聲的樂器，是最容易入門的樂器。我喜歡各種形式外觀的沙鈴，像是蛋形或是更傳統的那種。搖動樂器適合任何年齡層的孩子。

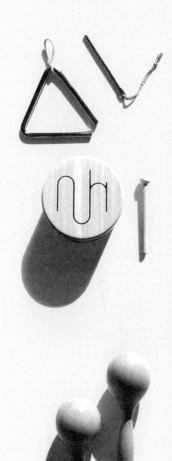

3. 手搖音樂盒

　　孩子喜歡透過轉動音樂盒手柄來製造音樂。年紀較小的孩子剛開始可能需要協助，好比當他們轉動音樂盒時，大人可以幫忙拿著，並且請給他們大一點且堅固的款式。而大一點的孩子喜歡挑戰較小的音樂盒，例如圖中這款。手搖音樂盒同樣適合任何年齡層的幼兒。

4. 吹奏樂器

　　像口琴或直笛這類的簡單樂器，對孩子來說是十分有趣的。從中他們能盡情嘗試不同節奏、速度和音量的變化，甚至各種不同的音符曲調。吹奏樂器適合大一點的孩子進行。

5. 滑步車

　　一旦孩子夠高，沒有踏板的滑步車就是傳統三輪腳踏車的最佳替代品。他們騎在兩個輪子上，用腳自行推動往前進，接著逐漸讓雙腳離開地面，習慣平衡的感覺；在他們學自行車之前，這是一段很有幫助的過渡期：漸漸地，他們的平衡感會越來越好，因此往往不需要額外訓練，就能輕易學會沒有訓練輪的普通自行車。滑步車可以從兩歲左右開始進行。

6. 戶外活動

　　和孩子走向大自然、蒐羅大自然的收藏品、用散步時發現的寶物做手工藝品，以上這些都是和孩子一起享受戶外活動的幾個方法。想和孩子經常到戶外走走，一點也不困難，頂多只需多買一些能防風雨的衣服！戶外活動適合任何年齡層的孩子。

7. 球類活動

　　把各種球類帶到戶外，不僅能鼓勵孩子踢球、訓練他們用手滾動、眼手協調和四肢的力量，還能帶來許多親子間的樂趣。進行球類活動時，建議最好在戶外進行，這樣孩子才有足夠的空間玩耍。球類活動同樣適合任何年齡層的孩子。

8. 滑梯

　　有一種名叫皮克勒（Pikler slide）的三角滑梯可在家中使用，這種滑梯的高度能隨著孩子的年紀做調整。除了滑下來之外，他們也可以享受爬上滑梯的樂趣。另外，也可以在遊樂場尋找一個孩子能獨立玩耍的滑梯，同時享受滑梯和戶外活動的樂趣。滑梯也適合任何年齡層的孩子。

日常生活活動範例

1. 自我照顧

　　孩子有許多機會能學習如何照顧自己，因為我們會逐漸培養他們的技能，讓他們能自己做越來越多的事情。他們喜歡掌握這些任務，包括：梳頭髮、刷牙、擦鼻子和洗手等。孩子從十五個月開始就能學會如何照顧自己。

2. 食物備置

　　孩子喜歡自己做點心或協助準備餐點。因此，請尋找適合孩子小手操作的工具，方便他們達成任務。剛開始，他們可能需要一些協助，例如：爸爸媽媽先告訴他們如何削蘋果皮。大人可以把蘋果放在一塊砧板上，教孩子如何從上到下削蘋果皮，再把蘋果皮裝進一個碗裡，之後放到堆肥箱裡。另外，爸爸媽媽也可以向他們示範如何將手安全地放在蘋果切片器上，大人可以先把蘋果從中間切開，這樣孩子就可以很容易地將切片器穿過蘋果。孩子從兩歲開始就會切蘋果。

3. 佈置餐桌

　　準備一個低矮的櫥櫃，讓孩子可以自行拿到自己的碗、餐具和杯子，這樣他們就能依照餐具標示墊上的圖案位置，自己佈置餐桌。

4. 烘焙

　　孩子可以幫忙把大人測量好的烘焙材料，加進麵粉團中，再用木杓攪拌材料、揉麵團，或者使用餅乾刀裝飾烘焙糕餅。當然，孩子也可以幫忙品嚐成品如何。孩子從十二個月就能開始做烘焙的活動。

5. 清潔窗戶

　　令人驚訝的是，孩子竟然能擠壓清潔劑的噴嘴來清潔窗戶；實際上，反覆這個動作能強化他們的手部力量。接著，他們還可以用刮刀從上到下擦拭窗戶，再用布擦乾。爸爸媽媽可以使用水或加入一些醋，讓窗戶閃閃發亮。孩子從十八個月大就能開始清潔窗戶。

6. 插花

插花是一個多步驟的過程，可以精進孩子精細動作的技能，並練習「提水」和「倒水」的控制能力；同時，還能為家中增添美感。首先，請他們在一個很小的壺裡裝滿水，再請孩子把它放在一個托盤上；這個托盤是用來接住可能溢出的水。接著，準備一個小漏斗，讓他們能將水倒進花瓶，然後再讓他們把一朵花放進花瓶裡，並把花瓶放在桌巾上（這是一個不錯的額外步驟，有利於培養注意力）。別忘了，也要準備一塊海綿來擦拭少量可能溢出的水。這項活動可以從孩子十八個月大開始。

7. 清潔環境

請準備適合孩子的小型清潔工具，例如：小掃帚、小拖把、小簸箕和小刷子、手套和海綿等，讓孩子學會打理家中的環境整潔。大部分的孩子都喜歡幫忙掃地、拖地和除塵。其中，使用小簸箕和小刷子不僅能有效清除碎屑，對於孩子學習如何同時用兩隻手動作，也提供良好的練習機會。孩子從十二個月大就能開始清潔環境。

藝術和手工藝活動範例

1. 水彩畫

　　水彩畫對於想要繪畫的孩子來說，是很棒的選項；即便是年紀較小的孩子也能勝任，而且也不會像馬克筆或油漆那樣，可能會造成相當凌亂的場面。請從單一顏色開始：選擇單色的水彩粉餅，或是在調色板調出單色就好。孩子可以練習打溼畫筆、把顏料沾到筆刷上和在紙上畫出任何圖案。在這個年齡階段，他們不是在學習如何作畫，而是在學習如何使用顏料，以及如何把他們的行為動作表現在紙上。孩子可從十八個月大開始學習畫水彩畫。

2. 縫紉

　　如何教孩子縫紉？首先，準備一張簡單的縫紉卡紙、一根鈍的縫衣針以及在末端打了結的線著手。大人可以向孩子示範如何將縫衣針推入縫紉卡紙的小洞裡，再把卡紙翻面，再將縫衣針從另一邊拉出來，再把縫衣針插入下一個小洞，再把卡紙翻過來，再一次把針拉過去，做成一個縫線。縫好卡紙之後，用剪刀把線剪

斷，取出針，打個結就完成了。孩子從兩歲開始就能接觸縫紉活動。

3. 剪紙

開始剪紙前，孩子要先學會坐在桌子前安全地握住剪刀。首先，他們要用兩隻手打開和關閉剪刀；接著，請大人示範如何剪紙，可先從一張較厚能剪成細條狀的卡片開始剪起，再拿這些剪成細條狀的紙條給孩子，讓他們剪成小碎紙。另外，還可以請孩子把這些小碎紙收集放進一個碗裡，再放入一個小信封袋裡，用貼紙密封，接著，請重複上述這段練習。隨著孩子手部力量的發展，慢慢地他們會有辦法用一隻手握住紙條，另一隻手拿著剪刀來完成剪紙任務。這項活動適合兩歲左右的孩子。

4. 塗鴉

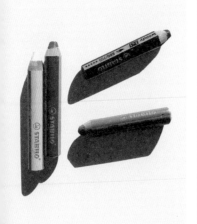

適合孩子塗鴉的素材中，我最推薦短短粗粗的色鉛筆和蜂蠟筆磚。另外，大人也可以不時改變紙張大小、顏色和材料，提供孩子多樣性的選擇。別忘了，和水彩畫一樣，孩子是在學習如何使用這些材料，而不是學習繪畫。這項活動適合十二個月大左右的孩子。

5. 粉筆和橡皮擦

　　請準備較短胖的粉筆以方便孩子抓握，並提供一個面積較大的地方，比如大黑板或人行道等，方便孩子任意塗鴉。之所以需要提供一個較大的塗鴉面積，是因為當孩子練習用粉筆作畫，或是用橡皮擦擦去圖案時，可以大幅揮動整隻手臂，提高肌肉的運動範圍。這項活動適合十二個月大左右的孩子。

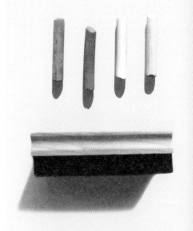

6. 膠水

　　讓孩子把一小塊形狀黏貼在紙上，有助於精進他們的精細動作能力。或者，也可以先把膠水塗在小紙屑背面，再請孩子翻過來貼在紙上。這項活動適合十八個月左右大的孩子。

7. 黏土或動力沙

　　讓孩子用他們的雙手和簡單的工具把玩黏土，能同時提升孩子的手部力量和創造力。黏土可以被滾平、做成長條狀，再切成小塊，滾成球狀，或是以任何天馬行空的方式被塑形。另外，我會不時把黏土換成自製無毒黏土或動力沙，讓孩子獲得更多樣化的感官體驗。這項活動適合十六個月左右大的孩子。

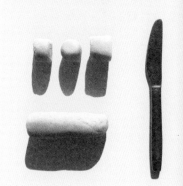

語言活動範例

1. 小模型

　　為了學習新的詞彙，大人可以就一個主題提供相關的小模型，例如：烹飪工具、非洲動物或樂器。當孩子聽到這項物品的名字時，他可以觸摸並去感受該物品；而這正是以具體素材學習的經典範例。這個活動適合所有年齡層的孩子。

2. 卡牌

　　隨著孩子年齡的增長，我們可以藉由卡牌並就一個特定的主題，以此延伸擴展他們的詞彙量。如此一來，就不會被局限在手邊僅有的物品上，可大幅提升孩子學習其他詞彙的機會。在此介紹的是梵谷的畫作。孩子可從十八個月大左右開始進行卡牌的詞彙延伸練習。

3. 書籍

　　和孩子一起閱讀是件開心的事情，尤其是
當親子都喜歡這本書的時候！建議可以尋找與
季節、日常生活、動物、顏色、形狀、交通工
具、自然有關，或是孩子喜歡的主題的書籍閱
讀。至於大一點的孩子，我們還可以多提供一
些有細節探索，或是數數書給他們閱讀。閱讀
書籍適合任何年齡層的孩子。

4. 真實物品

　　孩子學習詞彙的最直接方式，就是來自日
常生活中的物品。就像他們學習水果的名字一
樣，平日我們也可以請孩子說出家中花朵、公
園裡的樹和鳥，以及任何家中物品的名字。在
此展示的是一些豌豆和一套卡片，孩子可以透
過這些道具，藉由平面圖像去理解、認識與之
相對的真實物品是什麼及其名稱詞彙。十二個
月大左右的孩子，可以開始用真實物品去學習
詞彙；由於圖像卡的難度比真實物品高，因此
利用圖像卡的詞彙學習，建議從十四個月之後
再開始。

5. 物品＆卡牌配對遊戲

　　我們可以畫出或拍下一個物品，做成一組卡牌，讓孩子學習把真實物品和卡牌配對。一旦孩子能將物品和相同的卡牌成功配對之後，我們就可以繼續透過和物品相似，但不完全相同的圖像，來增加難度。比如：物品可能是一輛傾卸式卡車，但我們可以分別給他們不同型號、顏色或大小的傾卸式卡車的卡牌。這樣的練習有助於孩子了解傾卸式卡車的本質，而不僅靠外觀辨識。這樣的遊戲適合十四個月以上的孩子。

關於戶外和大自然的補充說明

「讓孩子自由自在；隨時鼓勵他們；下雨時讓他們在外面跑一跑；發現水窪時讓他們脫掉鞋子踩一踩；當草地上的草被露水浸溼時，讓他們赤腳在草地上踩踏；當一棵樹邀請他們在樹蔭下睡覺時，讓他們平靜地休息；當太陽在早晨喚醒他們時，讓他們大喊大笑，就像它喚醒每一個把一天分為清醒和睡眠的生物一般。」

——瑪麗亞·蒙特梭利博士，《兒童的發現》（*The Discovery of the Child*）

我非常認同二十世紀初，蒙特梭利博士對兒童及其發展所提出的全面想法，尤其是在提倡戶外和大自然重要性的這方面；大自然有使我們平靜下來的能力，從而讓我們與美麗的事物，以及與地球和整個環境重新連接在一起。

幼兒是感官的學習者。專欄開頭引用蒙特梭利博士的這段話，充分體現了他們的經驗和感受可以多麼的豐富。即使現在身為一個大人，我自己童年時赤腳在草地上行走的記憶依舊非常深刻。如果住在城市裡，不妨每隔幾個月計畫到大自然中冒險一次：可以是在海邊待一個下午，或是在帳篷或小屋住上幾晚。

以下是一些符合蒙特梭利理念的戶外和大自然的活動：

❶ **季節性的活動**：根據不同的季節，親子可以一起帶著籃子去當地的公園或附近的森林收集樹葉、橡實、貝殼、

樹枝、石頭、小石子和松果。採摘水果也會因為季節的轉變，而有不同的收穫。

❷ **種植蔬菜**：想在家中種植蔬菜，不　定要有花園。準備一個盆栽，放進一些土壤，再用鏟子放進一些種子，就可以了；另外，還要準備好一個隨時方便使用的澆水壺。另外，堆肥方面可將食物殘渣添加到堆肥箱或蚯蚓養殖場，讓孩子認識食物循環，以及如何將多餘的養分送回土壤。

❸ **一起運動**：可以帶著孩子爬樹、沿著牆壁攀爬、踩踏樹樁或原木練習平衡感、掛在樹枝上、在輪胎上盪鞦韆、騎滑步車、踢球、跳繩、互相追逐、快跑和慢走等。

❹ **一起欣賞大自然的美**：觀察昆蟲、樹葉上的水滴、日落的顏色、山上的風景、湖面的靜止或漣漪、海洋的波動、感受樹上的風，或靜靜欣賞鄰居花園裡的花朵和蜜蜂。也可以拿起放大鏡近距離探索，用雙手觸摸，聽著樹木和草地的擺動聲，聞著雨水或花朵的味道等。

❺ **尋找安靜的片刻**：找個地方坐下來看雲，安靜地坐著，或者只是專注於呼吸也可以。

❻ **一起尋寶**：列出一張圖片清單，然後和孩子一起努力尋找清單上的所有的物品。可以在花園、公園、森林或任何戶外的場所進行。

❼ **搭建小屋、小木屋或是障礙訓練場**：並邀請孩子的朋友一起過來玩樂。

⑧ **創作戶外藝術**：用泥巴、水、葉子、花、土壤、種子、草以及其他可以找到的自然資源，將它們鋪成圖案、做出形狀，或者和孩子一起做成張臉或一隻動物。

⑨ **製作一面音樂牆**：可以和孩子在花園裡，一起掛上舊的鍋碗瓢盆、鈴鐺和任何其他敲擊時能發出聲響的物品；有空時能用一些棍子敲打出一些音樂。

⑩ **無懼風雨，隨時探索**：俗話說「沒有壞天氣，只有不合時宜的衣服」。因此，找一些大人和孩子無論雨晴皆能穿的衣服和鞋子，在下雨天時到水窪裡踩一踩，或在雪地裡堆一個雪人，或戴上帽子、擦上防曬霜在海灘上探索。總之，每天都出去走一走，和孩子共享探索的樂趣。

NOTE 任何與「水」有關的工作，都很不錯：可以拿水龍頭噴灑窗戶、裝滿水桶並用刷子塗抹磚塊、透過灑水車用沙子和水製造河流、在遊樂場使用抽水機等。

可以使用蒙特梭利以外的玩具嗎？

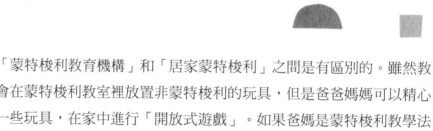

　　「蒙特梭利教育機構」和「居家蒙特梭利」之間是有區別的。雖然教師不會在蒙特梭利教室裡放置非蒙特梭利的玩具，但是爸爸媽媽可以精心挑選一些玩具，在家中進行「開放式遊戲」。如果爸媽是蒙特梭利教學法的新手，建議可以從家中已經有的玩具開始，比如：孩子最喜歡的玩具、想捐出不再使用的玩具，或已經放入倉庫存放的玩具，以上這些日後都可以輪流使用。

　　關於適合的玩具類型，建議如下：

➡ 樂高（Lego）積木得寶系列

➡ 木製積木

➡ 工程車、緊急救援車、農用車

➡ 穀倉和農場動物

➡ 德國摩比人（Playmobil）玩具的日常生活系列（而非奇幻系列，
　例如：公主或海盜）

➡ 從自然探險中收集的小花小草等植物

➡ 建築組合

⇒ 火車組

⇒ 桌遊

　　建議在家中準備一個開放式的遊戲空間，讓孩子能以創意的方式自行探索、發現各種玩具的樂趣，並在日常生活中發揮想像力、盡情玩耍。然而，它們並不能替代本章討論的各式蒙特梭利活動，因為這些活動目的是讓孩子從掌控中獲得成就感，並滿足他們的發展需求。

　　如果孩子開始參加蒙特梭利學前課程，我建議不要在家裡複製蒙特梭利的教具，因為這樣他們才能在學校裡保持專注力。取而代之，我們可以讓孩子藉由進行日常活動，確保他們有時間進行開放式遊戲，並創造機會讓孩子參與戶外活動，以及有足夠的時間休息，以這樣的方式在家中延伸蒙特梭利的教育方式。孩子將不斷地透過實踐生活、藝術和手工藝、運動和音樂以及書籍，來練習這些技能。

想想看

1. 爸爸媽媽能否提供手眼協調活動，來挑戰孩子的精細動作技能？
2. 能否提供豐富的音樂和運動機會？
3. 是否讓孩子能參與日常生活嗎？例如：準備食物、自我照顧或維護環境？
4. 有從事哪些藝術和手工藝的活動嗎？
5. 如何在家裡營造一個豐富的語言學習環境？比如：透過物品命名、書籍閱讀或和孩子對話？

在這一章，我們認識了如何透過觀察孩子的興趣和能力，為他們提供很棒又有吸引力的活動，以幫助他們全面發展。

爸爸媽媽可以使用家中已有的物品，而且不需要從第一天開始，就把蒙特梭利活動完全融入其中。相反地，我們可以嘗試使用一些東西，在家裡漸進地變為蒙特梭利教學法，重點是多觀察孩子，建立孩子的信心，並跟隨他們的步伐前進。

最後，讓我們記住最簡單的事情，而這些事情會給孩子帶來許多美好回憶：

➡ 讓我們享受笑聲和歡笑聲。

➡ 邀請孩子分享他做了哪些日常生活活動。

➡ 在下雨的時候享受水窪的樂趣。

➡ 收集秋天的樹葉，把它們掛在窗前。

➡ 在室內搭建帳篷。

➡ 讓孩子多探索一會兒。

➡ 無論在任何季節，都可以到海灘上尋找貝殼。

➡ 多多擁抱我們所愛的人。

➡ 在城市中騎自行車時，別忘了享受清新的空氣。

第 4 章

如何把蒙特梭利理念
融入家庭佈置？

如何在家中營造蒙特梭利空間？

　　第一次走進蒙特梭利教室時，我馬上就能感覺到其空間是以孩子的需求為前提精心佈置，同時相當漂亮；實際上，同樣的佈置原則很容易應用於家庭環境中。我們的目標不是要擁有一個完美家園，不過我們可以將蒙特梭利的理念，有意識地融入空間佈置中。

　　不是每個空間都必須符合兒童尺寸。畢竟，家中有各式各樣不同體型的人，各自也有不同的使用需求。不過，我們可以在家中的每一個空間，盡可能為孩子佈置一個專屬區域，讓他們也能享受其中，感到舒適自在。

蒙特利梭空間佈置的八大重點

① **尋找兒童尺寸**：尋找孩子不需要額外幫助就能使用的家具。因此，請尋找高度適合孩子的椅子和桌子，讓他們能在腳平放在地板的情況下使用；如果有必要，可以把椅腳或桌腳裁切短一些。

② **打造美感空間**：請依照孩子的視線高度擺放藝術品和植物，供他

們欣賞，讓美感養成潛移默化。

③ **獨立性**：將日常活動所需的素材統一放在托盤和籃子裡，如此一來孩子就擁有所需要的一切；總之，想方設法讓孩子更容易自己幫助自己。

④ **陳列有吸引力的教具**：將適合孩子年齡層的教具漂亮地擺放在架子上，以吸引他們的目光，而不是把它們放在玩具箱內。

⑤ **少即是多**：架上請擺放少數有助於孩子集中注意力的教具就好，也就是說，請展示他們正在努力學習掌握的教具即可，這樣他們才不會感到眼花撩亂，不知所措。

⑥ **物盡其用，各得其所**：孩子有特別強烈的秩序感，因此，當我們為每樣物品安排一個地方，而且每樣物品都有自己的位置時，就能幫助他們記得要物歸原處。

⑦ **孩子的視線高度**：佈置每個空間時，記得都要先蹲下來，以孩子的視線高度看看他們所看到的空間樣貌是什麼。或許，我們會看到一些堆在架子下方，纏繞在一起看起來十分好玩的電線或雜物，或者是一些令人感覺不舒服的空間，就需要整理一下。

⑧ **儲存和輪流替換**：請設計理想的儲物空間，讓孩子所需使用的教具不會散落在他們的視線範圍內，不過孩子卻依舊能輕易找到它們，例如：與牆面顏色相融的落地櫥櫃、閣樓空間，或者把收納箱堆放在儲存區或沙發後面。同時，在他們尋找新挑戰時，別忘了輪流替換教具櫃上擺放的教具。

家中不同空間的佈置重點

　　現在，讓我們分別探索家中的不同空間，看看蒙特梭利原則如何被應用在這些地方（相關資源可參閱附錄的〈哪裡可以找到蒙特梭利的素材和家具？〉）。不過，請記得以下這些只是大原則，並不是什麼硬性規定，各位讀者可依家中環境的實際情況進行適當調整。不要被空間或光線所限制，進而影響發揮創意的機會喔！

玄關	⇒ 與孩子身高相當的低矮掛鉤，方便他們能自行把符合他們身材尺寸的背包、袋子、夾克、帽子和雨衣掛在上面。

⇒ 可放置鞋子的籃子或架子。

⇒ 可放置季節性物品的籃子，例如：手套、圍巾、毛線帽、太陽眼鏡等。

⇒ 附有小桌子或小架子的低矮鏡子，可用來用來放置紙巾、髮夾和防曬霜等物品。

⇒ 低矮的椅子或長凳，讓孩子能坐在那裡自行穿脫鞋子。

NOTE 如果家中有一個以上的孩子，或許可以為每個孩子各自準備一個專屬的籃子。

| 客廳 | ⟹ 準備兩層或三層高的低矮書架。如果家中有一個以上的孩子，請用較低的架子來放置適用於較年幼孩子的教具；適用較年長孩子的教具，則是放置在較高的架子內。重點是，要確保年幼孩子拿不到較高架子上的物品，或是使用年幼孩子無法打開的容器。以我個人為例，我在教室內所使用的是長 120、深 30、高 40 公分的教具櫃。 |

⟹ 準備小桌子和椅子，且最好放在在窗邊；如果有需要，也可以適當地裁切桌腳，方便孩子在坐著時，雙腳是可以完全踏在地面上。例如：若椅子的高度約為 20 公分，桌子的高度則建議是 35 公分左右。

⟹ 易於捲收的地墊（約 70 乘 50 公分）並放置在籃子內，用來標記孩子的活動空間。

| 廚房 | ⟹ 在低矮的架子、櫥櫃、手推車或抽屜裡，放置少量兒童尺寸的盤子、餐具、杯子和餐墊。 |

• 請使用真正的玻璃杯、盤子和餐具，如此，當孩子意識到這些物品可能會破碎時，他們就能學習如何小心翼翼地拿取這些物品。此外，父母可以提醒他們，玻璃是易碎的，所以要用兩隻手拿，而不是說：「不要摔破玻璃。」

⟹ 準備摺疊梯子、木製學習塔或炊具廚房幫手，方便孩子能在流理臺一旁幫忙（或者，將準備食物的物品帶到餐桌或低矮的桌子上）。

廚房	⇒ 準備兒童尺寸的清潔工具，例如：

⇒ 準備兒童尺寸的清潔工具，例如：

- 掃帚、拖把、小簸箕和刷子
- 手套（或是可以把手放在裡面的任何布料，方便他們用來擦拭溢出物）
- 把清潔海綿裁剪成適合孩子使用的大小
- 防塵布
- 符合兒童尺寸的圍裙

⇒ 用來準備食物的兒童廚房用具，例如：

- 蘋果切片器和去核器
- 拉把式手動金屬榨汁機、柳丁榨汁機或電動榨汁機
- 小型抹刀，方便孩子能輕鬆地將他們喜歡的配料塗抹在小餅乾上（塗抹完可存放在容器內）

⇒ 切割刀具，例如：

- 先從無鋸齒的奶油刀開始，切香蕉等質地柔軟的食物
- 再使用波浪刀切質地較硬的水果和蔬菜
- 隨著孩子使用刀刃的技能提高，慢慢地增加難度，例如：當他們成為學齡前兒童時，在家長的監督和指導下，可以使用更為鋒利的刀具

⇒ 準備一個可以讓孩子方便自行飲水的地方，例如：他們碰得到的飲水機、低矮的水槽，或在托盤上的小壺裡裝一點水（請同時備好海綿或布，方便隨時擦拭可能溢出的水）。

廚房	⇨ 把營養豐富的零食裝在孩子容易打開的容器內；至於零食的分量，請準備家長樂於讓孩子在餐間所食用的分量。如果孩子在早餐之後就把所有的零食都吃完了，那麼，就表示當日的零食量都吃完了。
	⇨ 烘焙用的量杯、勺子、秤和攪拌勺。
	⇨ 清潔窗戶用的噴壺和刮刀。
	⇨ 如果有室內植物，可準備小水壺以便孩子自行澆水。

NOTE 請將刀具放在孩子無法主動拿到的地方，並在孩子準備好能使用這些刀具時，告訴他們如何正確使用，並從旁監督。

用餐區	⇨ 吃點心的時候，孩子可以使用他們的矮桌和矮凳，並鼓勵他們把食物放在桌子上，不要讓他們拿著食物到處走，邊走邊吃。
	⇨ 用餐時，我喜歡全家人一起坐在廚房或餐桌前吃飯的感覺。因此，不妨尋找一種能讓孩子獨立爬上爬下的椅子，例如：可調整高度的幼兒專用成長椅或類似的椅子。
	⇨ 吃飯時，在桌上放一個兒童尺寸的水壺，並裝入少量的水或牛奶（分量多寡請以家長願意清理的量就好），如此，孩子就可以自行喝水或喝奶了。
	⇨ 準備好手套或清潔海綿，可以擦拭溢出物。
	⇨ 可以準備一個小籃子，把所需餐具或碗盤裝在裡面，方便孩子從廚房帶到餐桌。如果家長希望孩子幫忙擺放餐具，可能還需要準備一個踏腳凳，如此孩子才夠高能碰到桌面。

用餐區	⇒	一個畫有標記的盤子、餐具和杯子擺放位置的餐墊，對孩子來說非常有用。我班上的家長想出一個好主意，就是把孩子最喜歡的一套餐具拍下來，並列印成信封大小，貼在塑膠薄片上：這是讓孩子擺放好餐具的完美指南。
	⇒	在餐桌上擺上一些鮮花，能讓用餐時間成為每日的特別時刻，增添儀式感。

臥室	⇒	準備可以讓孩子自行爬進爬出的地板床或學步床。
	⇒	如果空間足夠，可以多準備一個小架子並在上頭放一些教具，讓孩子在睡醒之後能安靜地玩耍。
	⇒	準備書籍收納籃或書架。
	⇒	準備一面全身鏡，幫助孩子看見自己的全身，有助於他們自行穿衣服、戴帽子等。
	⇒	準備符合孩子身高的架子、抽屜或有懸掛空間的小衣櫃，或者使用置物籃，並在裡面放入有限的季節性服裝，讓他們能每天自行選擇適當的衣服穿上。另外，把過季的衣服放在孩子找不到的地方，以免潛在的親子爭吵。
	⇒	確保房間完全是兒童專用的地方，例如：蓋住電源插座、移除任何鬆動的電線、窗簾線（有窒息的危險）收捆整齊，並裝上兒童窗戶安全鎖。

浴室	⇒ 佈置一個可換尿布的地方。一旦孩子站起來，穿著尿布的他們往往不喜歡再躺下換尿布。與此相對，家長可以在浴室裡讓他們站著換尿布，更可以藉此機會讓他們認識到這個空間是上廁所的地方。另外，家長還可以提供便盆或馬桶，作為換尿布程序的一部分（更多關於上廁所的內容，可參閱第七章）。
	⇒ 準備能幫助孩子摸到水槽和爬進浴缸的低臺階。
	⇒ 準備小塊肥皂或給皂機，方便孩子自己洗手。
	⇒ 將牙刷、牙膏、梳子放在孩子伸手可及的地方。
	⇒ 準備符合孩子身高的鏡子，或可供他們使用的活動鏡。
	⇒ 準備放置髒／溼衣服的籃子；或者設置一個洗衣專區。
	⇒ 準備可供孩子取用毛巾的低鉤或毛巾架。
	⇒ 準備旅行用的小罐裝洗髮乳、護髮乳和沐浴乳，供孩子可以自行使用。如果孩子喜歡擠瓶子，可以每天幫他們少量補充一些。
藝術和手工藝區	⇒ 準備一個小抽屜，將各式美術材料，例如：鉛筆、膠水、郵票和拼貼物品等收納其中，方便孩子隨時取用。
	⇒ 隨著孩子年齡的增長，家長可以適時提供剪刀、膠帶和釘書機，供孩子使用。
	⇒ 不用準備太多樣的美術材料，但請選擇品質好的。
	⇒ 可以準備多個托盤，把所需要的相關美術材料，放在同一個拖盤上，方便幼兒使用。例如：一個托盤用來作畫，另一個托盤用來黏貼創作。

| 藝術和
手工藝
區 | ⇒ 三歲左右的孩子，會開始喜歡收集他們需要的東西。因此，家長可以準備一個托盤，讓他們能從教具櫃上自行選擇所需的美術材料，放在托盤上使用。 |

⇒ 為了讓後續收拾變得容易，請預先規劃好：美術作品曬乾區、可重複使用的紙張區、可回收使用物品區等等。

⇒ 孩子最感興趣的是創作過程，而不是結果，因此這裡有一些想法，能幫助家長協助孩子完成美術作品：

- 使用辦公室的「文件收納盤」來存放他們想保留或想再使用的東西；而一旦這個文件盤裝滿了，就請孩子把最喜歡的東西黏在剪貼簿上。

- 對過於龐大的美術作品，用拍照記錄的方式進行保存。

- 可將作品當作禮物包裝紙，重新利用。

- 鼓勵孩子在紙張的正反面都進行創作。

- 佈置一個「畫廊」來展示孩子的美術作品，例如：有框架的作品以旋轉的方式展現、有繩子或鐵絲的作品可掛起來，或者直接將作品用磁鐵貼在冰箱上展示。

舒適的 閱讀場 所	⇒ 準備一個面向孩子的書櫃或壁櫃,方便他們容易直接看到 書籍的封面;或是準備一個書籍收納籃。 ⇒ 只擺放幾本書,並根據需求交替書籍。 ⇒ 準備懶骨頭沙發、靠墊、矮凳或舒適的地墊。 ⇒ 選擇佈置在靠近窗戶的地方,讓溫和的光線自然照射進來, 方便閱讀。 ⇒ 也可以拆除舊衣櫃的門或是架設閱讀專用的帳篷,讓孩子 在閱讀時能自由地爬進爬出,享有舒適自在的閱讀空間。
戶外 空間	⇒ 創造機會進行各式動態活動:例如:奔跑、一躍而跳、蹦 蹦跳跳、單腳跳、像猴子一樣擺盪、滑行、跳舞,或在繩 子、舊輪胎或一般鞦韆上盪鞦韆。 ⇒ 準備園藝工具,例如:小耙子、小鏟子、園藝叉子、手推 車等。 ⇒ 準備一個可以讓孩子幫忙照料的小菜園。在花圃、陽臺上 的盆栽或是室內種植、培育蔬菜,就能讓孩子看見這些食 物的來源,以及它們所需的生長時間和過程,進而培養他 們珍惜食物的觀念。 ⇒ 一個可以安靜地坐下或躺下看雲的地方。

戶外 空間	➡ 水：孩子需要一桶水和一枝用來「畫」磚頭或石板的畫筆， 或者一個用來清洗窗戶、水臺、幫浦的噴嘴。

➡ 打造一個沙坑。

➡ 用小石子鋪成的迷宮。

➡ 在門口放一雙戶外鞋或是一把刷子，方便孩子進入室內前
把鞋子刷乾淨。

➡ 各式籃子和罐子，用來收納來自大自然的收藏品。

➡ 挖掘泥土、製作泥巴，重新和大地建立連結。

➡ 用柳樹枝製作小木屋或隧道。

➡ 為孩子創造祕密路徑，讓他們盡情探索。

蒙特梭利的理念中，戶外空間提供了許多活動設計的靈感來
源；我最喜歡看到自然元素被融入設計中的「自然遊樂場」，
例如：在院子的斜坡上建造一個溜滑梯，或者用天然的岩石或
現場的其他材料做成小隧道。想要知道更多靈感，建議各位讀
者可以去閱讀洛斯蒂・基勒（Rusty Keeler）所著的《自然遊樂
場》（*Natural Playscapes*，暫譯）一書。

NOTE 如果家裡中沒有戶外活動空間，也可以在附近的遊樂場、樹
林、海灘、湖泊或山區尋找能夠提供戶外活動的場域。

把家打造成適合幼兒的蒙特梭利環境

　　以下八種基本配備，可以讓新手花少少的錢，就能在家中體驗蒙特梭利教學法的樂趣。

1. 小桌子和椅子　　2. 低矮的書架　　3. 書架或書箱

4. 低矮的床或地板床墊，
孩子能自行爬進爬出

5. 矮凳，讓孩子能碰到水槽、馬桶等

6. 低矮的掛鉤，讓孩子能自行收納清潔用具

7. 梯子或木製學習塔，讓孩子能在廚房幫忙

8. 低矮的掛鉤，讓孩子能在門口自行掛外套和袋子

空間佈置的五大原則

① 解決雜亂無章的方法

有些家長可能會想：「我永遠不可能保持非常整潔的房子。我們家實在有太多東西了。」話雖如此，即便東西再多，還是有辦法能使家中環境保持整潔，以下是我提供的一些建議。

首先，最重要的就是減少玩具、書籍、藝術和手工藝素材的數量，以及不必要的物品。將孩子不常使用、不太喜歡的教具和玩具，或者他們覺得太難的東西收納進一個箱子裡，而這個箱子可以暫時存放在閣樓或儲藏室；當孩子需要新的挑戰時，再重新更換這些物品。另外，準備第二個箱子，把適合年紀較小孩子的物品，以及他們不再使用或太容易的物品收納進去，幫第二個箱子找一個新家，或者把它們放在一邊，供未來弟弟妹妹使用。簡而言之，只把目前孩子經常使用的幾件物品擺在外頭就好。然而，家長必須不斷嘗試才能發現，當前孩子究竟經常使用和適合的物品有哪些，也唯有如此，家長才不會一直堅持要孩子玩那些他們早就已經不感興趣的東西了。

然而，這是一個持續的過程，最終也將培養孩子重複使用、回收、慈善捐獻和照顧玩具的想法；告訴孩子，當我們準備好新的物品時，不再使用的舊物品就可以陸續送給其他需要的人使用。

　　在此，先提醒家長，孩子不會輕易放棄物品。不過，可以先讓他們有以下這樣的習慣：告訴他們可以先把這些物品收納進箱子內，當成慈善捐獻或分送給其他家庭使用。當家長要捨棄某些物品時，可以讓孩子再依序拿出來輪流玩一次，最後，再請他們自己收進箱子內，同時，他們可以幫忙家長把箱子搬出屋外，寄送出去。如果箱子當天不能直接送走，就把它們從孩子的視線移開，這樣孩子就不必重複與這些「物品」分離的過程。

如果對於收納更傾向於極簡主義的作法，我建議可以閱讀近藤麻里惠（Marie Kondo）所著的《怦然心動的人生整理魔法》。她建議在家裡只保留那些「帶給我們快樂」或「有用的」東西。想像一下，將她的原則應用在孩子的教具和衣服上，是多麼棒的一件事。另外，在與這些在物品離別之前，我們也要對這些不再需要或使用的東西說聲「謝謝」。

② 打造舒適的居家環境

　　擺脫雜亂，並不意味著「家」會失去獨有的特色與氛圍。與此相對，我們可依照孩子的身高，放置靠墊、毯子、植物和藝術品；選擇天然材質的籃子和地毯來增加溫暖的感覺。

在我們的家是呈現了國籍特色和時代變遷，因為各自家庭的背景不同，有時會展示一些代表文化的寶物或家具，可能還會結合一些儀式和傳統。我喜歡有手工品設計的元素，比如：紙製的旗幟、手織或手縫的物品，或者是我們和孩子一起創造的工藝品。這些細節讓我們的家變得與眾不同，也會讓孩子在耳濡目染下培養美感，以及珍惜家中的各項物品。另外，我覺得復古的東西也會讓一個家變得獨特和充滿個性，而不會是雜亂無章的感覺。

在我看來，家中的各項佈置元素，都能使一個家更有「家的感覺」，而其目的就是要讓孩子感覺到，這個空間是平靜、溫暖和安全的。

③ 佈置好環境，育兒更省事

養育孩子是一件很辛苦的事情，有時我們也會感到很疲累。話雖如此，我們可以藉由精心佈置家中環境，讓育兒這件事情變得更簡單。例如：把孩子所需使用的物品安排好，放在孩子能夠自行拿取、歸放的高度，如此，不僅能培養孩子獨立自主的能力，也能避免家長必須做後續的收拾。另外，將不適合孩子的物品，放在他們拿不到也碰不到的地方；除了避免家中環境混亂，也是為了安全。然而，孩子的成長速度很快，所以這件事情必須不斷調整和改進。

經驗豐富的蒙特梭利教師蘇珊·斯蒂芬森（Susan Stephenson）曾和我分享了一個經驗。她會記下孩子在班上每次求助的情況，然後設計一個孩子下次能「自助」的方法。因此，如果孩子要求提供紙巾，就可以在孩子身邊放置一個紙巾盒，並且放在適合孩子的高度，方便他們自行取用；

如果他們拿出了紙盒內的所有紙巾，就換個方式，用一個小籃子裝上幾張精心折疊的紙巾，便能解決問題。

記住，我們希望家是一個「適當的」空間，讓孩子能安全地盡情探索。為此，當我們發現自己說「不」的時候，比如，當孩子觸摸危險的東西或敲打玻璃時，我們可以尋找其他佈置空間的方法，來消除孩子想要觸摸這些危險物品的誘惑，例如：蓋住有誘惑力的電源插座、移動家具來擋住不想讓孩子去探索的地方、在不能被孩子打開的櫃子上使用兒童安全鎖，或者把易碎的玻璃櫃放在倉庫裡，直到孩子長大些再擺放出來使用。

如果我們不能讓整體居家變得安全，至少要讓「一個區域」成為孩子能自由玩耍的「好空間」。因此，或許可以在門上裝一個嬰兒門（不過一般而言，我們仍然希望孩子能經常活動，不要被空間局限，所以要避免使用遊戲圍欄，這樣會限制他們的活動）。

④ 孩子之間如何共享空間？

如果家中有一個以上的孩子，以下有一些建議請家長參考：

🌱 為不同年紀的孩子，佈置不一樣的空間

➡ 用較低的架子擺放年紀較小孩子的教具；用較高的架子擺放部件較小的教具，以便更適合年紀較大的孩子。

➡ 將玩具的小零件放在年紀較小孩子難以打開的容器中。

➡ 佈置一處或兩處孩子的獨立私人空間；這個方法很簡單，可以用兩把椅子或是一條毯子替每一個孩子設計一個「藏身之

處」，甚至可以在外面掛一個牌子，寫上「私人空間」。當他們的兄弟姐妹靠近時，家長可以告訴他們，「上面寫著私人空間。看起來他現在想一個人獨處，讓我們找點別的事情做吧！」

⇒ 如果年幼的兄弟姐妹吵著要加入較年長孩子的活動，請嘗試簡化該活動的教具，方便他們能一同參與。

🍃 共享玩具

請預先想出一個關於如何分享玩具和教具的計畫（關於「分享原則」的更多資訊，請參閱第七章）。

🍃 共享房間

⇒ 將每個孩子的私人區域個性化，例如：在他們的床頭設置一個架子，擺放個人物品、照片和收藏品。

⇒ 如果有需要更隱私的感覺，也許可以用窗簾來隔開房間。

⇒ 就空間的使用方式，讓孩子們達成明確的共識，例如何時關燈等。

⇒ 規劃好空間設計，讓每個孩子都能在某個地方獨處。

⑤ 小空間該怎麼規劃？

我們時常認為，如果有一個較大的家，應用這些原則就會容易許多。然而，即便是比較狹小的居家環境，其實上述這些方法也是有可能，甚至是絕對有辦法落實的。然而，必須要充分利用現有的有限空間，否則很容

易變得雜亂無章或令人不知所措。事實上，我認為小空間的限制反而激發佈置創意的好機會，例如：

➡ 使用上下鋪雙層床或高架床，或是使用日式床墊，白天時將床收起來。

➡ 購買多功能的家具，或移除某些家具，來創造更大的遊戲空間。

➡ 尋找框架輕、體積小的家具，以及中性色調的家具，視覺上會給人更大的空間感。

➡ 每次展示的物品要少一些，視覺上才不至於有雜亂無章的感覺。

➡ 利用牆壁上的空間（比如：掛板懸掛手工藝材料）或者未充分利用的空間，可以當作儲藏物品的地方（例如床下），或者在天花板附近訂製儲存櫃（也許可以把它們塗成與牆壁相同的顏色）。

想想看

1. 父母能否提供：
   · 適合兒童尺寸的家具？
   · 美麗的東西（例如：植物和藝術作品）供孩子欣賞？
   · 讓孩子可獨立活動的方法？
   · 有吸引力的活動？
   · 更少的雜物？
   · 每樣物品都有地方放置，各得其所？
   · 儲存物品的地方？
2. 能透過孩子的眼睛看到這個空間嗎？
3. 能在家裡的每個房間為孩子騰出一個獨處空間嗎？

為什麼佈置居家環境這麼重要？

　　以上這些想法，應該有助於激勵家長盡可能減少家中的混亂，為孩子創造更多的參與空間。然而，一個乾淨整潔的居家環境，對於孩子的好處還有：

⇒ 鼓勵孩子參與日常生活。

⇒ 幫助孩子獨立。

⇒ 為整個家庭提供和平、養育和創造性的空間。

⇒ 藉由更少的雜亂和更少、更集中的教具，培養孩子的注意力。

⇒ 讓孩子生活在美的環境中，自然而然地培養美感。

⇒ 開始告訴孩子如何對自己的物品負責任。

⇒ 幫助孩子在日常生活中，吸收屬於他們的文化。

　　總的來說，用心佈置居家環境空間，可以幫助我們和孩子的生活創造一些平靜。我希望這些想法能成為各位今天做出一些改變的靈感來源。我們天天都在自己的家中活動，因此，家長可以一步一步的慢慢來，把家打造成一個更適合孩子學習、有吸引力和自行探索的地方。

歡迎光臨！
蒙特梭利
風格之家

現在，就從蒙特梭利教師及媽媽「安娜」的家來獲得靈感！

讓我們來看看安娜的「蒙特梭利之家」。所有的東西都按照孩子的身高擺放，空間簡單而美麗。孩子所有的東西都有自己的位置，並隨時準備好被使用。簡單的配色令人感到平靜。你會想住這樣的家嗎？

自我照顧區

　　這個小小的自我照顧區，簡單且充滿吸引力。孩子可以在這裡擦鼻子、擦臉或梳頭髮。矮凳上放著兩個籃子，一個放紙巾，另一個放梳子。下面的小籃子是用來裝用過的髒紙巾。垂直懸掛的鏡子可以讓孩子看到全身，非常適合在他們出門時快速地檢查自己的儀容狀態。

藝術和手工藝區

　　這個藝術和手工藝區是為較大的幼兒設計的。開放式的架子十分吸引人，也方便他們拿取所需的用品；使用托盤和容器讓人輕易地看到可用的物品。

　　頂層架子上的鉛筆看起來非常有吸引力，它們按照顏色擺放在簡單的 DIY 玻璃罐裡，每種顏色都有一張貼紙。小盆裡有珠子和線，在穿線活動使用；而紙膠帶、打孔機和剪刀這樣的材料也已經準備好了；把麥克筆放在一個透明的容器裡；還有畫筆和水彩也可以使用。

　　一盆植物就能使這個空間變得更加柔和，還有一個音樂播放器，提供孩子獨立選擇音樂。

　　在這個架子邊有一張小桌子和一把小椅子，孩子可以在這裡使用一些素材（可惜攝影師沒有拍到）。

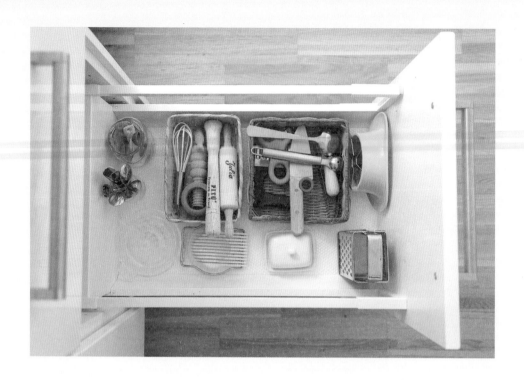

廚房

　　廚房裡有一個低矮的抽屜，裡面擺放了能讓孩子自行動手準備食物的工具。

　　餐具放在罐子裡，籃子內放著擀麵棍、打蛋器和削皮器。另外，還有一個小磨刀器、榨汁機、雞蛋切片器、蘋果切片器／去核器。

戶外空間

　　這裡已被改造成一個美麗的戶外空間，值得孩子去探索。

　　我們看到有一支掃把掛在鉤子上，好像隨時等待小主人去使用；旁邊還有一個澆水壺和水桶，孩子很喜歡幫盆栽澆水，因為玩水很有趣。此外，垂直的設計讓空間更能善加利用，可以種植更多不同美麗植物。

　　當天氣好的時候，這個區域還可以用來進行其他的活動，例如：孩子可以捧著一個小小的托盤在這裡吃早餐，或者擺放一套桌椅，坐在這裡看看天空、聊聊天。

第 5 章

如何培養出充滿
好奇心的孩子？

Part 1
鼓勵孩子與生俱來的好奇心

　　誠如我們在第二章討論的，在蒙特梭利的教育理念中，認為孩子不該接受填鴨式的教育方式。因為每個孩子都是發自內心的喜歡學習、願意為自己發掘一切，並會想出各種充滿創意的問題解決方案。身為家長，只要掌握以下五大要素，在家也能持續鼓勵孩子培養好奇心，讓他們更自動自發地去發現這個新奇的世界。

培養好奇心的五大要素

1. 相信孩子

　　蒙特梭利博士鼓勵家長，要「相信」孩子是想要學習和成長的：孩子自己知道他們需要在哪些方面努力，來實現他們應有的發展。這意味著，只要家長能為他們提供一個豐富的探索環境，就不需要額外「強迫」他們

學習，也不需要擔心他們的發展會和其他同齡的孩子「截然不同」。

蒙特梭利的教育理念相信，孩子正往自己獨特的道路上邁進，以自己獨有的方式，在自己學習時間軸上探索和發展。

因此，請家長也如此信任孩子，讓他們了解自己身體的極限。孩子是好奇的學習者，他們總是希望探索他們周圍的世界。雖然一路上可能會出現無法預防的意外（也許我們應該允許這些意外發生），但這是他們的學習方式。不過，我們可以讓孩子知道，如果他們想被擁抱，爸媽永遠都會在他們旁邊；當小意外發生時，我們可以告訴孩子「哇，出了一個你難以應付的意外嗎？看到你傷到自己了，我很難受。不過我很慶幸，你會好起來的。這不是很神奇嗎？」如此，便能安撫孩子的不安情緒。

不妨想一想，我們是否經常擔心孩子的未來發展或他們是否會傷到自己？身為家長的我們，能否練習把這些擔憂擺在一旁，讓孩子在各自與眾不同的旅程中，享受當下所經歷到的一切呢？

2. 提供豐富的學習環境

為了讓孩子對周圍世界產生好奇心和學習欲望，身為父母的使命，就是提供豐富的學習環境和足夠的時間，讓孩子能自行探索。

在此，所謂「豐富的學習環境」不是說要去添購各種昂貴的教具，我們在大自然中就可以找到許多免費的現成素材，例如：把小鍊條或細繩子投入硬紙筒不用另外花錢，或者使用一些乾豆子進行分類練習，也不用花大錢。

在第三章中，我們可以了解到，唯有不斷地觀察孩子，並提供機會讓他們練習現在他們有辦法掌握的活動項目，對孩子而言，才是最棒的學習環境。

思考一下，我們孩子的成長環境到底是什麼樣子？從物質環境、社會環境和陪伴他們成長的大人三個方面來看，這樣的環境是否為孩子提供了豐富的探索機會？

3. 讓孩子有充足的時間

為了讓孩子妥善發展，並遵循他們自行發現、探索和好奇的衝動，他們需要「充足的時間」。那麼，所謂「充足的時間」是多久呢？我們不知道。這段時間無法被事先計畫，不是匆匆忙忙的，甚至就連過程中孩子感到無聊的時間，也該被計算在內。

總之，讓孩子有充足的時間去探索、去活動、去學習語言和對話、去和他人產生聯繫。特別是要留出時間，讓孩子產生好奇心和求知欲。

無論家長是上班族或全職陪伴孩子，都讓我們發揮創意思考一下，該怎麼安排我們的一天和一週？我們能否改變現狀，每天空出十五到三十分鐘的自由時間？也許在週末有一、兩個小時？我們可以放下哪些不必要的承諾呢？

4. 提供安全無虞的探索環境

身為父母，我們可以提供孩子身心上的安全和保障：讓他們遠離電源插座、車水馬龍的街道和其他危險的地方。在家中或者至少在家中某個區域，做好兒童安全的防護，如此，才能方便使我們的孩子自由地探索。

除此之外，在情感上父母也可以給予孩子安全感。我們應該要接受孩子原本的模樣，以及讓孩子明白當他們遭遇困難的時候，我們總會在他們身旁，陪伴他們度過每個艱難時刻。這樣的安全感能讓孩子更加自在且自由地探索世界，進而對一切新鮮事物都充滿好奇心。

因此，請思考：我們是否有辦法讓孩子知道父母始終陪伴著他們，甚至在他們遭遇困難的時候？父母是否能正視他們的雙眼，承認那些在大人看來微不足道的小事，其實對孩子來說，是極大的驚嚇呢？

5. 引導孩子透過五感探索世界

家長可以問問孩子「在他們眼中，大人看到的世界是長什麼樣子？」引導孩子透過各種感官去探索外在世界，並盡可能在大自然中進行這項提問，鼓勵孩子走進大自然。

因此，請想一想：我們是否有為孩子製造探索、求知的機會？是否允許他們用所有的感官去探索？是否利用大自然來激發他們的好奇心呢？

啟發孩子好奇心的七個原則

當家長確認孩子能從我們身上獲得上述提到的五大要素時，他們就擁有了一個強大的基礎，從而有助於他們能對周圍的世界產生好奇心，並發展出屬於自身的思考脈絡與處事能力。而有了這五大基本要素的基礎之後，爸爸媽媽藉著就可以應用以下七個原則，來幫助孩子成為一個充滿好奇心的人。

① 跟隨孩子的腳步：讓他們主導一切。

② 鼓勵孩子「親自動手」學習：讓他們探索一切。

③ 將孩子納入日常生活活動中：讓他們參與其中。

④ 凡事慢慢來：讓孩子設定自己的節奏。

⑤ 「請幫助我，讓我能自己做」：培養他們獨立和負責任。

⑥ 鼓勵創造力：讓孩子對凡事都有好奇心。
⑦ 仔細觀察：鼓勵孩子向家長展示成果。

接著，我們將依序詳細介紹以上七項原則，以及如何將蒙特梭利的育兒理念融入日常生活中。

1. 跟隨孩子的腳步

「這是孩子的學習方式。這是他走的道路。他在不知不覺中學習一切事物……最棒的是，他總是踩在快樂和愛的道路上。」

——瑪麗亞‧蒙特梭利博士，《吸收性心智》

誠如前述，我們多次提到在孩子的學習過程中，讓他們主導有多麼重要：當他們深入關注某件事情時，家長除了盡可能不要去打斷他之外，還要跟隨他們感興趣的事物。

然而，我認為僅僅是這樣做，對一般家長來說可能無法重複太多次，然而，這一點是蒙特梭利教學法的根源，因此，家長不妨透過其他方式來實踐這一點。例如：當父母選擇去散步時，讓孩子帶路；請家長停下來腳步，由孩子來主導散步的路線。或者，如果目前孩子對「燈塔」感興趣，父母就經常與他談論燈塔、帶他去參觀各種燈塔、閱讀有關燈塔的書籍，並且和他們一起製作燈塔模型等；如果孩子不喜歡早起，這代表著可能要在晚上，就先把隔天早上需要使用的東西準備好。

也就是說，「**跟隨孩子的腳步**」的意思，是要跟隨他與眾不同的學習**時間軸，看看他們今天學到哪裡了**，而不是把家長對於「**孩子應該在什麼時候學會什麼**」的想法，強加在他們身上。除此之外，我也要說明清楚，

所謂「跟隨孩子的腳步」也不是放任他們，允許他們做任何喜歡的事情。

我們會在必要時設定規範，以確保孩子的自我照顧、周遭環境與他人之間的關係是否安全。然而，這也不是發號施令。還記得以前你小時候聽到大人給的建議、教訓或是一堆資訊時，當時的心理感受嗎？（但願我們還記得。）我想，感覺不是太好吧！那麼，要怎麼找到一個折衷的方法，讓大人「稍微」退一步，讓孩子主導呢？

話雖如此，大人卻老是經常會想「我們確實必須做一些什麼？」：必須幫孩子穿好衣服、必須帶他們去托兒所、必須做好晚餐、必須幫孩子洗澡等。相信我，即便是以「跟隨孩子的腳步」為方針，家長依舊能做好這些每日例行事項。我們可以學習與孩子一起完成這些事項，而不是以誘惑、威脅或懲罰他們要乖乖配合的方式進行。在第六章，我們將介紹更多關於如何與孩子設定規範與培養合作的詳細作法。

2. 鼓勵孩子以「親自動手」的方式學習

讓孩子直接去觸摸物品、聞味道、聽聲音、品嚐食物和親眼觀看，這樣的學習效果是最好的。因此，為了讓我們的孩子成為一位充滿好奇心的學習者，家長要想方設法為他們提供能「親自動手」體驗的學習管道。

當孩子開始問問題時，父母可以說：「我不知道。讓我們一起找找看答案。」接著，也許可以一起做個小實驗或一起探索，比如，拿出放大鏡讓他們仔細觀察；或者去動物園參觀、去圖書館尋找相關書籍，或者帶孩子一起去訪問對這個問題更了解的鄰居。

這個階段孩子的學習方式，就是「對於一切不知道的事物，都是親自動手體驗」，以具體的方式找出答案。因此，在家中孩子也會透過觸摸和感覺，來探索他們周遭的環境。這時，與其說「不！不要碰」，不如請家

長仔細觀察他們的行為模式，並找到變通的方法，將其轉換成適合此階段學習模式發展的活動。例如：他們從書架上拿出一些書籍後，我們可以把它們放回去，這樣他們就可以一次又一次地反覆練習這個動作。

如果你不想和孩子玩「書本」拿進拿出的遊戲，也可以思考一下，有什麼是可以讓孩子「清空」的，比如說放在籃子裡面的圍巾等。假如孩子對我們的皮夾感興趣，總是會把裡頭的信用卡和現金全部拿出來時，不妨就另外準備一個籃子，在裡面放一些可以開開關關的容器，讓孩子改「玩」這些容器裡面的東西。在我的教室裡就有一個舊皮夾，裡面有我以前的一些會員卡和圖書館卡，經常能吸引孩子去探索它們。

再次重申，大自然是「親自動手體驗」與「感官學習」的好地方，例如：從孩子臉上輕拂而過的風、耀眼的太陽；在他們手指上的沙子或土壤、海浪的聲音或樹葉的清脆聲、大海的氣味或樹林裡的樹葉等，為此，蒙特梭利育兒法非常鼓勵家長時常在這個階段帶孩子到戶外走走。

3. 將孩子納入日常生活活動中

孩子對家長所做的每件事情總是深感好奇，他們也希望成為家庭裡的重要一員，所以，當他們緊緊抱住我們的大腿大哭時，不是為了逼瘋我們，而是希望自己也能為家裡做點什麼。

在第三章中，我們介紹了許多實用的日常生活活動，各位讀者不妨將這些活動納入孩子的生活裡。例如：可以讓他們協助準備食物，邀請孩子：「我們正在準備晚餐。你想幫忙做哪一部分？」他們可以幫忙遞東西，或者幫他們準備一個梯子，好方便他們碰到流理臺；或者，在矮鉤子上放一條圍裙，讓他們自己穿上；或者洗手、撕一些生菜製作沙拉、清洗葉子等。如果他們對備料這些事情沒興趣，就讓他們在廚房走一走，也沒關係。

與其說對孩子說「我必須洗衣服」，不如把它當作是一項親子活動。我記得我兒子還在學習走路的時候，我會把他抱起來，讓他能按到洗衣機的按鈕；我也會請他幫忙把洗好的衣服拿出來，然後在我掛衣服的時候，請兒子幫忙夾好衣服（可以掛一條比較低的曬衣繩，讓孩子在那邊幫忙曬衣服）。我們十分幸運，住在澳洲時，有一個很大的戶外空間可以曬衣服；另外，我女兒會躺在戶外的小墊子上滾來滾去，看著大家聊天的模樣，我想這就是所謂「日常小確幸」吧！雖然更多時候，這些畫面看起來像是某種有秩序的「混亂」，不過我覺得還是挺有趣的。

沒錯，當年幼的孩子一同參與日常生活工作之後，這些做事節奏確實會更混亂且更緩慢，不過同時家長也是在幫助孩子學習成長，並且留下一輩子也忘不了的童年回憶，這不是更棒的一件事嗎？當然，我明白各位家長平常工作就已經十分忙碌了，當然希望瑣碎的例行家事可以快快完成，因此時常忘了邀請孩子一起加入家事活動中。或許一開始需要幾天或幾週才能習慣這樣的家事模式，不過只要有心開始這麼做，就絕對有時間。剛開始，可能必須刻意在週末空出一、兩個小時待在家裡，和孩子一起洗衣服、做烘焙或照料植物和花園。至於平常的上班日，家長可能會沒有耐心邀請孩子一起幫忙備料，那麼就請孩子幫忙佈置餐桌、自己倒飲料、飯後自己將碗盤收拾到水槽等等，任何小事都可以。

家長可以先從最喜歡，也最願意讓孩子一起參與的家事活動開始。想要獲得更多想法，可參閱第三章的「日常生活」或附錄的〈蒙特梭利幼兒活動表〉。

4. 凡事慢慢來

「該快的時候要快，該慢的時候要慢。尋求以音樂家所說的『正確速

度』來生活。」

——卡爾‧奧諾雷（Carl Honoré），《慢活》（In Praise of Slow）

對於學習走路的孩子來說，其「節奏」往往會比父母習慣的速度要慢上很多；他們不喜歡匆匆忙忙地走路，除非他們看到一大片空地，才會一路奔跑過去。

為此，在日常生活中請試著停下或放慢腳步，和孩子一起看看人行道上的裂縫，享受這個過程而不是結果。慢慢走，讓孩子有時間去探索和好奇。事實上，在我看來孩子正在教導父母「放慢速度」這件事情：他們提醒大人要放慢速度，欲速則不達，進而協助我們戒除總是擔心未來以及待辦清單做不完的焦慮習慣，凡事慢慢來，做好當下就好。

因此，如果家長希望孩子與我們合作無間，就是要「慢慢來」。這表示不要每天早上都說：「我們又遲到了！」這樣只會帶給孩子壓力，進而使他們反抗，反而更會拖延到父母的時間。（關於如何不遲到的作法，詳見 200 頁〈如果真的該出門了〉）

事實上，當我們整體生活節奏變得較為緩慢的時候，在「偶爾」需要趕時間時，例如：為了趕公車或錯過早晨的鬧鐘時，孩子反而更能適應「突如其來」的快節奏，配合上我們的速度。反之，如果家長每天總是匆匆忙忙，當我們真的需要孩子快一點、跟上我們的速度時，他們就可能會充耳不聞、完全不配合。

5. 「請幫助我，讓我能自己做。」

「請幫助我，讓我能自己做。」（Help me to help myself.）是蒙特梭利教學的核心理念，它確切的意思是：

- 先為孩子做好安排，讓他自己完成任務。
- **盡可能不要干涉他們，當有需要時再適時協助，**並在協助完成之後退出，讓孩子繼續自己嘗試。
- 允許孩子有時間進行練習。
- 向孩子表達我們對他的支持與接受。

如何教導孩子技能？

當家長需要教導孩子一些技能時，建議將任務**拆解成幾個小步驟，**並且以**非常緩慢的速度**示範給他們看。此外，示範的同時**不要說話，**這樣他們會更專心地觀看我們的動作，進而更快速地掌握該技能。我們只需要說：「看！」並且以緩慢、明確的動作，示範給他們看。

鷹架技能

在課堂中，蒙特梭利教具的準備方式是從簡單到複雜，每個技能都是建立在基礎的技能之上，就像搭建鷹架一樣，由簡到難，一步一步往上疊加，而這樣的作法稱為「鷹架技能」（Scaffolding Skills）；我非常贊同這樣的教學方法。同樣地，在家中爸爸媽媽引導孩子在家裡處理自己的事情時，也可以使用這個作法。

根據孩子的能力和成熟度漸漸提高，家長也能為他們提供鷹架技能；這些技能會變得更加困難、有更多步驟，或者需要孩子遵照指示去執行。

例如：我們可以先告訴他們如何把腳放進鞋子裡，接著，告訴他們如何拉開魔鬼氈，再牢牢地地固定鞋子。一旦他們掌握了這些技能之後，他們就學會了如何撕開魔鬼氈來穿鞋子，如此一來，最後，就能請他們自己穿鞋子了。

🍃 給予充足時間

當家長在日常生活中騰出足夠的時間給孩子之後，我們就能協助孩子凡事「自己來」。例如：可以讓他們依照自己的節奏穿衣服，但這不表示允許他們有無限的時間穿衣服，而是可能是在十到十五分鐘內穿好，而家長則是輕鬆地坐在一旁的地板上，手邊拿著一杯茶，享受看他們學習穿衣服的樂趣。此外，還可以在雨天進行這樣的練習，例如，讓孩子脫下襪子再穿上，多練習幾次沒有關係。

這些日常的生活活動是維繫家長與孩子之間的情感，以及讓孩子獨立自主學習的好機會；當孩子學會自己做事情時，他們就會對自己的能力充滿信心。

如果父母因為孩子處理這些事情的時間太長，開始感到挫折，那麼這時我們可以先協助他們完成練習，明天再嘗試讓他們自己獨立完成。

🍃 容忍錯誤

「沒有什麼比『父母重做孩子做過的事情』，更能剝奪孩子的主動權。」

——簡．K．米勒、瑪麗安．懷特．鄧拉普（Jean K. Miller & Marianne White Dunlap），《自覺養育的力量》（*The Power of Conscious Parenting*）

「錯誤」只是學習的機會。孩子會犯錯，例如：打破和打翻東西，甚至有時候會傷害別人；或者當孩子想要幫忙時，他們可能不會像爸媽想像的一樣，成功地完成任務。這時，與其懲罰、說教或糾正他們，不如嘗試這樣做：

❶ 如果孩子把某個東西的名字弄錯了，請父母先牢記在心，這可能

是因為他們還沒記住這個名字。所以請另外找一個時間，再教他們一次。換言之，與其糾正他們，倒不如用教的方式，這樣他們以後會更願意學習。在蒙特梭利的理念中，有句名言是「**透過教而教，而非透過糾正來教。**」（Teach by teaching, not by correcting.）

❷ 如果孩子打碎或打翻了東西，父母可以準備好清潔用具，請他們幫忙清理。

❸ 當孩子傷害了別人，必須做出彌補時，家長可以在旁陪伴支持他們。

❹ 當家長犯錯時，請成為孩子犯錯時的榜樣；向他們示範犯錯時應有的態度，並向孩子表達歉意，例如：「我很抱歉，我想說的其實是……」或「我應該這樣做的……」等。

🖋 提供幫助

不要急於幫助孩子，而是在旁看看他們能為自己做到多少；待他們卡關，或者任務太困難、是從未面對的全新挑戰時，家長再跳出來幫忙，而這時我們可以這麼說：

「你想讓我或其他人幫你做這個嗎？」

「你想看看我是怎麼做的嗎？」

「你有沒有試過……？」

記得，只有孩子「需要」幫忙了，家長才應該介入幫忙。

6. 鼓勵所有天馬行空的想法

「孩子在真正有目的的活動和解決問題上越有經驗，他們的想像力就越有創造性和實踐性。」

——蘇珊・梅克林・史蒂芬森（Susan Mayclin Stephenson），《快樂的孩子》（*The Joyful Child*）

大眾有一種普遍的誤解，認為蒙特梭利教學法不支持和鼓勵兒童擁有「創造力」和「想像力」（Imagination）。他們所列舉的理由包括：蒙特梭利的教具都有特定用途，而不是開放的；教室裡沒有「扮演遊戲」（Pretend Play）的角落；我們不鼓勵六歲以下兒童的「幻想」（Fantasy），反而注重他們周圍的真實世界。

然而，實際上並非如此。

🖋 「想像」與「幻想」不同

所謂的「幻想」，是指編造現實中不存在的事物。實際上，六歲以下的兒童不易察覺到「編造的事物」和「真實的事物」之間的區別。在一份由學者譚雅・莎朗（Tanya Sharon）和賈桂琳・D・沃利（Jacqueline D. Woolley）所撰寫的研究報告〈怪物做夢嗎？幼兒對幻想和現實區別的理解〉一文中提到，當她們向幼兒展示幻想和真實的動物圖片時，結果是三歲的幼兒難以區分真實和幻想場景的差異。

家長可能會說，「可是我的孩子會被書本或電影中的龍和怪獸嚇到」；實際上，這是因為他以為這些恐龍和怪獸是「真實」的大怪物。

另一方面，「想像力」是我們的大腦將所收集的資訊整理之後，所產生的各種充滿創意的可能性。在蒙特梭利教學法中，家長和教師在現實中為孩子的頭幾年打下基礎、為他們的生活播下種籽，使其成為充滿創造力和想像力的世界公民。而為了奠定這樣堅實的基礎，在他們出生到學齡前的早期階段，我們可以為孩子提供能在現實世界中「親自動手做」的經驗。大約在兩歲半之後，他們會開始玩扮演遊戲：他們玩扮家家酒、為我

們烤餅乾、扮演學校老師，而這表示他們正在透過「想像力」，去處理他們周圍所看到的世界。孩子富有創造力，且不會被龍、怪物或其它他們無法直接看到、感受到的幻想所淹沒。

另外，為扮演遊戲提供素材時，在素材的使用上不必太局限，例如：圍巾和其他物品可以有多種用途，而消防員的衣服只有一種功能。

關注於真實世界，並不會局限孩子的創造力，反而會增強他們的創造力。我們可以在孩子的青春期，看到這些幼年期的基礎訓練開始蓬勃發展；接受蒙特梭利教學法長大的孩子，他們在青春期時，多半想像力都會變得非常強大，進而開始為他們所面臨到的問題，提出富有創意的解決方案，甚至改變社會。

🖌 在藝術上的創造能力呢？

正如我們在第四章中所討論的，父母可以為孩子準備一個豐富且充滿吸引力的環境，來提升孩子的藝術創造能力。我們可以：

➡ 在孩子視線所及的高度，擺放各種漂亮的素材。

➡ 創造有吸引力的條件，邀請孩子發揮創意，比如：在「美麗」的托盤上擺放適合孩子年齡的材料，供他們自行探索發想。

➡ 讓美成為家庭的一部分，例如：擺放藝術品或植物，孩子便能在耳濡目染吸收，進而受到美感的啟發。

➡ 在素材的準備上，請注重品質而不是追求數量多寡。

此外，家長還可以實踐一些關鍵性的原則，支持孩子發展其藝術創造力。例如：

➡ 使用開放式的活動素材：盡量少用成套的藝術組和著色書，因為這些東西多半太局限，反而會限制孩子發揮創造力。

➡ 為鼓勵創造力做好準備：抱持開放的態度，並準備一個可以「被弄髒」的空間，讓孩子有自由的時間製造混亂和進行探索。看到這裡，請家長放輕鬆，我們可以加入和孩子一起創作。

➡ 用「詢問是否需要幫忙，而不是告訴孩子怎麼做」：請家長多鼓勵他們自我探索，而不是指導他們應該怎麼做。

➡ 允許無聊：當家長一整天都沒有任何行程、計畫，也沒有使用任何科技產品來娛樂自己，只是坐著休息時，我們的孩子也會感覺很無聊。不過，「無聊」沒有關係。無聊時，孩子的小腦袋可能是在做白日夢或想著任何天馬行空的新點子，甚至產生新的聯繫。事實上，有時當頭腦感到無聊時，反而可以刺激孩子去產生更多創意和想像力。

➡ 注重過程而非結果：藉由描述過程來關注孩子的努力，例如：「你做了一個大圓圈。」「我看到你把兩種顏色混合起來了。」

➡ 讓孩子知道，藝術創作這件事情，沒有所謂的對錯：當孩子的創作的結果與我們預期的不一樣時，家長可以當作這只是孩子在實驗和學習的過程，鼓勵孩子反覆試試看，每一次都是寶貴的學習經驗。

最重要的是，父母要和孩子一起享受靈感啟發、探索和創造的樂趣。

7. 仔細觀察孩子

蒙特梭利教師經常會告訴家長「觀察你的孩子就好」，那麼要「觀察孩子的什麼？為什麼？又該如何觀察？」

所謂的「觀察」是指看到和感受到什麼，沒有任何判斷或分析；「觀察」就像一臺錄影機，客觀地記錄情況，不分析你所看到的任何東西。比如，蒙特梭利教師可能會對一個學生做這樣的觀察：「約翰的鉛筆從他的右手滑出，鉛筆掉到了地上。他看著窗外，把身體的重心從左腳轉移到右腳。他彎曲膝蓋，蹲下來用右手的拇指和食指撿起鉛筆。」

　　藉由觀察，能幫助家長以科學的方式記錄眼睛所看見的東西，而不是急於做出反應或任何假設。**有了這些客觀的資訊，才能針對問題理性地做出反應，而不是出於情緒作出回應。**因此，家長能看到孩子身上更多的細節、注意到他們有了哪些變化，進而練習從「眼前所見的表現」去評判，如此一來，我們每天都能以全新的眼光來看待我們的孩子。

🖌 如何處理這些觀察結果？

　　這些觀察結果好處多多。它能讓家長看到孩子正在以自己與眾不同的方式發展，進而使我們跟隨孩子的興趣，幫助他們對周圍的世界保持好奇心。有時候，當家長想要介入孩子正在做的事情之前，可能會有所保留，認為那是一種教育機會，而不是在限制他們的好奇心和創造力；也會遇到某些需要家長冷靜地介入，以保護孩子安全的情況。

　　然而，只要經過一段時間的仔細觀察，我們就能留意這些可能會被爸爸媽媽所忽略的細微差異。在觀察的過程中，還可以確認環境是否妥當，例如：這樣的環境是幫助他們，還是阻礙他們獨立、運動、溝通或其他方面的發展。

　　總之，「理性觀察」有助於家長協助孩子成為充滿好奇心的學習者。藉由觀察，我們能清楚地看待孩子，而不會對他們的能力做出評判或有先入為主的想法。

父母可以觀察的面向

精細動作的技能

✓ 孩子如何抓取和握住物品？
✓ 孩子使用哪些手指和哪隻手？
✓ 孩子抓握畫筆或鉛筆的方式。
✓ 孩子正在練習哪些精細動作的活動和技能？（例如：使用鉗子的握力、穿線等。）

粗大動作的技能

✓ 孩子如何站立或坐下？
✓ 孩子如何行走？他們腳或手臂的擺動距離是多少？
✓ 孩子的平衡感如何
✓ 孩子正在練習的粗大動作技能。
✓ 孩子是否選擇使用粗大動作技能的活動？
✓ 環境是幫助還是阻礙孩子運動？

溝通

✓ 孩子如何發出聲音／語言來溝通？
✓ 孩子的笑容。
✓ 孩子哭聲的強度和持續時間。
✓ 孩子的身體語言。
✓ 孩子如何表達自己？
✓ 孩子談話時的眼神接觸。
✓ 孩子使用的語言。
✓ 當孩子在溝通時，是如何被回應的？

認知發展

✓ 孩子對什麼感興趣？
✓ 孩子正在練習和學習掌握什麼，以及他們能完成什麼活動？
✓ 在一項活動中，孩子會持續多久？

社交發展

✓ 孩子與同伴和大人的互動。

✓ 孩子是否觀察別人？

✓ 孩子如何尋求幫助？

✓ 孩子如何幫助別人？

情緒發展

✓ 孩子何時哭泣、微笑和大笑？

✓ 孩子如何得到安慰或自我安慰？

✓ 孩子如何回應陌生人？

✓ 孩子如何處理分離的時刻？

✓ 當事情不順利時，孩子如何處理？

飲食

✓ 孩子吃什麼和吃多少？

✓ 孩子是被動還是主動吃東西？他們是被餵食還是自己吃飯？

睡眠

✓ 孩子的睡眠模式。

✓ 孩子如何入睡？

✓ 孩子的睡眠品質。

✓ 孩子的睡姿。

✓ 孩子睡醒時的狀態如何？

獨立性

✓ 孩子獨立的跡象。

✓ 孩子和大人的關係。

衣服

✓ 衣服是否有助於或妨礙孩子的活動和自主能力？

✓ 孩子是否嘗試穿脫自己的衣服？

✓ 孩子是否喜歡自己的衣服？

家長的自我觀察

✓ 記錄父母的溝通：父母所說的話和父母與孩子的互動方式。

✓ 在觀察孩子的過程中，是否出現了什麼問題？

✓ 如果孩子不吃飯或不睡覺，父母是如何回應的？

✓ 當孩子做了父母喜歡或不喜歡的事情時，父母說了什麼？

培養好奇心的要素和原則

五大要素

1. 相信孩子

2. 提供豐富的學習環境

3. 讓孩子有充足的時間

4. 提供安全無虞的探索環境

5. 引導孩子透過五感探索世界

七項原則

1. 跟隨孩子的腳步

2. 鼓勵孩子以「親自動手」的方式學習

3. 將孩子納入日常生活活動中

4. 凡事慢慢來

5. 「請幫助我,讓我能自己做。」

6. 鼓勵所有天馬行空的想法

7. 仔細觀察孩子

Part 2
接受孩子的天性與原來的模樣

　　剛學走路的孩子，就希望會有被重視的感覺，也會希望有歸屬感，希望自己被接受。如果爸爸媽媽理解這一點，就能擺脫與孩子抗爭或被他們激怒的狀態，進而轉向引導、支持和帶領他們的育兒方式。

給予孩子價值、歸屬感，並接受他們的本性

　　透過孩子的眼睛看世界，有助於爸爸媽媽看見孩子們的觀點；這有點類似於移情作用或同理孩子。無論選擇哪一種，我們都應該認知到每個人在他們自己眼中都是正確的。

　　假設，孩子從另一個孩子手中搶走了一個玩具，實際上，他們並不是想調皮搗蛋。如果家長站在孩子的角度來看，可以看到他們只是「現在」就想玩這個玩具。接著，家長可以觀察孩子，看看他們是否需要任何協助，或者準備好在需要時介入，避免紛爭；有時，看到孩子正在挖出盆栽

裡的土壤，家長可能認為他們正在搞破壞，但是，當我們改從孩子的角度看待這件事情時，可以理解孩子只是在他們視線所及的範圍內，「現在」想要去探索這個新東西而已。同樣地，爸爸媽媽可以先觀察，再決定是否需要介入，移除植物或覆蓋土壤等。

也就是說，與其認為孩子對我們嘻皮笑臉、吐舌大笑是想要製造麻煩，不如站在孩子的角度去想，實際上孩子是想嘗試一種新的聲音、想看看爸媽的反應，並弄清楚他做出這個動作與爸媽反應之間的因果關係。這時，還是老話一句「先觀察」，再看看他們是否會自己停下來。或者可以想出其他的辦法，比如說：「我不喜歡你對我吐舌頭，但是我們可以到那邊的地毯上滾一滾。」當我們停下來觀察，並不予以評斷時，它能使我們看見孩子的本性，並接受他們本來的模樣。

事實上，當我們自問：「如何才能讓我的孩子不那麼害羞／更專注／對藝術更感興趣／更活躍？」等時，就表示我們沒有接受他們的本性。與此相對，我們可以努力地向孩子表達我們很愛他們「現在」這個樣子。真的，這句話是任何人都想要的。

記得，給予孩子價值、歸屬感，並接受他們的本性，這才是最重要的事。

成為孩子的翻譯

一旦家長能從孩子的角度來看問題時，就能在需要的時候，成為他們的「翻譯」；就像我們在字典裡查到他們想說的東西一樣。

「你是想告訴我……嗎？」這是一個有用的短語，可以將孩子的需求

轉化為語言。例如：當他們把食物扔在地上時，爸媽可以說：「你是想告訴我，你們都吃完了嗎？」或者，我們也可以對正在罵人或行為不當的大孩子使用這種方法：「聽起來你現在很生氣。你是想說，你不喜歡他們碰你的東西嗎？」

除此之外，如果發現另一半或孩子的祖父母不高興了，我們也可以為他們翻譯：「看起來，你的媽媽／祖父母很重視要坐在餐桌前吃飯的禮儀，但你也真的想帶著食物走來走去。」

允許孩子有所有感覺，但不允許做出所有行為

父母可能會想：如果我接受孩子本來的模樣、從他們的角度看問題，並「允許」他們所有的感覺，我是否必須接受他們所有的行為？

有時，

父母的工作

就是成為孩子的翻譯。

絕非如此。如果有必要，父母是可以適時介入干涉，阻止任何不恰當的行為。身為大人，父母經常需要充當孩子的前額葉皮質（他們大腦中的理性部分），因為這個時候，孩子的前額葉皮質尚在發展中。家長可以介入干涉來保護孩子、其他人，甚至家長自己的安全。此外，請向孩子說明他們可以「以尊重的方式」和其他人產生不一樣的看法，並向他們示範如何成為負責任的人。例如：

「不同意也沒關係，但我不能讓你傷害你的兄弟／姐妹。你坐在我這一邊，也可以坐在另一邊。」

「我不能讓你傷害我／我不能讓你這樣對我說話／我不能讓你傷害自己。但我看到一些重要的事情正在發生，而我正在努力理解中。」

給予孩子回饋，而非讚美

蒙特梭利教師喜歡幫助孩子建立自我意識，引導他們如何接受自己本來的模樣，以及學習如何以良善的方式對待他人。

自 1970 到 80 年代以來，便一直大力提倡父母以「讚美」的方式來建立孩子的自尊心。因此，我們經常會聽到父母說「做得好」、「好孩子」、「好女孩」。在荷蘭甚至還有一個慣用語：「Goed zo.」，意思就是「做得好」；對任何事情，我們都會說這句話，例如：讚美孩子的繪畫多麼棒、會沖馬桶等，甚至還會拍手鼓掌——父母為他們鼓掌，彷彿孩子做的每一件事情都是壯舉，都令人激賞。

然而，這樣的讚美只流於外在形式，都是外在動機（Extrinsic Motivation）的鼓勵，而並非出於孩子本身。美國育兒和人類行為作家艾

菲‧柯恩（Alfie Kohn）曾寫過一篇很棒的文章〈停止說「做得好！」的五個理由〉，他在文中指出：

➡ 當父母把讚美作為一種討價還價的工具來激勵孩子時，這樣的讚美就會被用來操縱孩子。

➡ 讚美會創造出讚美的癮君子。

➡ 實際上，讚美會帶走快樂；孩子會為了獲得肯定和表揚，而不是為了獲得成就感所得到的快樂。

➡ 當孩子為了讚美而做某一件事情時，他們的動機會降低，因為這對他們自己來說沒有意義。

➡ 讚美會降低成就感；如此，當活動和表現好壞的壓力連接在一起時，孩子對活動的興趣或樂趣就會降低，或者減少冒險的意願。

然而，蒙特梭利教師卻認為，如果我們能幫助孩子發展「內在動機」（Intrinsic Motivation），如此一來，孩子的內在雷達就會告訴他們自己「什麼是對的或錯的」、「理解什麼可以幫助（或傷害）他們自己或他人」，這樣他們就能學會，怎樣的行為舉止是真的值得讚美的。

我們可以說什麼？

剛開始，家長可能會很訝異，原來自己這麼經常和孩子說「做得好」，而當我們開始意識到這點時，就可以選擇改變它。在思索「讚美」的替代作法時，我認為最好的思考脈絡，就是想一想當我們回應另外一位成人時，**會做出什麼回饋**。

以下是我從國際知名的親子溝通專家安戴爾‧法伯（Adele Faber）和依蓮‧馬茲麗許（Elaine Mazlish）的《怎麼說，孩子會聽 vs. 如何聽，

孩子願意說》（*How to Talk So Kids Will Listen & Listen So Kids Will Talk*）一書中，首次學到的一些想法。我非常喜歡這些建議，原因是它們讓孩子更具體地知道「我們欣賞他的什麼」，並給孩子提供了比簡單的「做得好」更豐富的詞彙。

描述我們看到的東西

注重過程而不是成果，因此描述孩子做了什麼，並透過對他們的實際行動和成果，進行積極和真實的描述來提供回饋。例如：

「你把你的盤子拿到廚房去了。」

「你看起來對自己非常滿意。」

「你一個人穿好了衣服。」

「你把積木放在籃子裡，又把它們放回架子上。」

「你用了藍色和紅色的顏料。我看到這裡有一個漩渦。」

用一個語詞來概括回饋

「你自己收拾好去海灘的東西了。這就是我所說的『獨立』！」

「你幫奶奶拿皮包。這就是我所說的『體貼』。」

「不用我說，你就用拖把將地板上的水擦乾淨了，這就是我所說的『機靈』。」

描述我們的感受

「我真為你感到高興。」

「當所有東西都收拾好之後，走進客廳真是一種享受。」

避免角色設定和貼標籤

接受孩子本性的另一部分，意味著在看到他們的時候，不要對他們有任何先入為主的判斷或想法。身為孩子生活中的大人，我們需要時刻小心，不要隨意給孩子貼上標籤。

在我們的生活中，有的人可能會被貼上「小丑」、「害羞的人」、「淘氣鬼」的標籤；即使是正面的標籤，也很難一直保持下去，例如「很聰明的那個孩子」、「愛運動的那個孩子」。這些標籤可能會持續一輩子，甚至造成孩子永遠擺脫不了這些標籤。

反之，家長可以讓孩子對自己有另外一種看法：和他們一起回憶成功克服困難的故事，或者，讓他們無意中聽到我們告訴別人，孩子是如何努力克服障礙的。例如：可以對一個可能被貼上笨拙標籤的孩子說：「我喜歡看你用兩隻手小心翼翼地把杯子端到桌子上。」

這樣的標籤也經常出現在兄弟姐妹之間。一旦家裡有了新生兒，年幼的孩子突然變成了「大哥哥／大姐姐」，這是一個重大的責任，他們必須一直表現得很好，才能在他的弟妹前展現一個「大孩子」的樣子。然而，這時家長請記得，不要總是讓最年長的孩子負責任。例如，在浴室時，爸爸媽媽可以讓孩子們互相照顧，而不必在意他們的年齡。家長該做的是確保較年幼的孩子也會承擔責任，而不是把所有的事情都交給老大。

每一天，無論孩子被讚美或遭遇困難，請父母都好好「觀察」他們，並接受他們的本性。允許孩子有好奇心，給予他們有價值、有歸屬和被接受的感覺，為父母和孩子的情感連結和信任奠定堅實的基礎，而這些基礎是家長與孩子培養合作關係，以及設定規範時的必要東西。

沒有連結，親子合作的機會就會很少；沒有信任，設定規範時就會變得更加困難。

1. 父母怎樣做，才能讓孩子擁有更多好奇心？
   · 孩子覺得我們信任他們嗎？
   · 是否有一個豐富的學習環境？
   · 我們是否有時間讓孩子探索，並依照自己的節奏進行？
   · 孩子的身心是否安全？
   · 怎樣才能培養孩子的好奇心？

2. 每天練習觀察孩子十到十五分鐘。
   · 保持好奇心。
   · 要客觀。
   · 避免評斷分析。

3. 怎樣才能給予孩子價值感和歸屬感，讓他們知道，我們接受他們的本性？
   · 從孩子的角度看問題。
   · 成為孩子的翻譯。
   · 給予回饋而非讚美。
   · 避免角色設定和貼標籤。

第 6 章

培養孩子的合作精神
與責任感

Part 1
如何培養孩子的合作精神？
—— 當孩子不聽話時，該怎麼辦？

想要培養幼兒的合作精神，是一件相當困難的事情。孩子天生好奇心強、易衝動，而且是他們意志的僕人。一般來說，許多家長經常一再重複「威脅」、「賄賂」和「懲罰」的方式，來尋求孩子的合作，但時常成效不彰。於是，爸爸媽媽就會有一個疑問：「為什麼孩子不聽我的話？」

「如果你跟孩子講了一千遍，孩子仍然沒有學會，那麼，學得慢的不是孩子，而是你。」

—— 美國教育學家華特‧巴比博士（Dr. Walter B. Barbe）

為什麼蒙特梭利教學法不使用威脅、賄賂或懲罰？

「紀律」（discipline）這個詞來自拉丁語 disciplina，原意是「教和學」。因此，爸爸媽媽應該考慮我們在「教」孩子什麼，以及孩子從我們教養的方式中「學」到了什麼。

威脅、賄賂和懲罰都是外在的動機；孩子可能為了避免懲罰，或者為了得到一張貼紙或一支冰淇淋而合作，但這種教養方式很少有長期的效果。當然，如果這些方法有效，它可以快速解決許多問題，但它也可能會使當前的問題失焦，並沒有「真正」解決問題。

還記得小時候有一次，我在放學後被留下來，因為我寫了一張很惡劣的小紙條批評老師（我必須要為我自己辯護，那是因為我覺得她很可怕──但我還是不應該說她是一隻龍）；當然，這位老師看見了這張小紙條。當時，我並沒有因為被留下來而感到內疚，事後反而告訴全班這個老師很討人厭、很壞。你看，這個留校察看的懲罰有用嗎？一點用都沒有。我非但沒有因為誤解老師而感到抱歉，甚至還認為這一切都是老師的錯。

同理可證，當父母用類似罰站等懲罰的方式威脅孩子時，就會開始破壞父母和孩子之間的信任關係。這個時候可能會發生兩種情況：其一，他們可能會變得害怕成人，並且會因為出於恐懼而配合；或者，他們會找到一種方法偷偷摸摸地做他們想做的事，而不被父母發現。

同樣地，威脅和賄賂可能也會讓孩子願意合作，但不是因為孩子想幫助父母，而只是想避免負面的結果（懲罰）或獲得正面的結果（獎勵）而已。此外，隨著孩子的成長，威脅和賄賂的手法可能需要變得更大或更縝密。好比，如果他們已經因為學會了做某件事而得到一張貼紙，那麼，之後他們對於配合的「代價」就會不斷地提高，獲得一張貼紙不再能讓他們

滿足。

　　使用這樣的合作方式，對於家長來說相當累人；孩子把所有的責任都放在我們人人身上，造成家長時常在煩惱到底要怎麼做，「我的孩子才會穿上衣服／吃飯／洗手？」但往往最終只能用嘮叨的方式，而孩子卻完全不聽我們的話。

　　與其想著「該怎麼做，孩子才會聽話」，不如把「不聽話」這件事情，當作是孩子對我們發出的挑戰，並且把它看作是一個引導孩子的教學機會，也是孩子的學習機會。

　　因此，讓我們在培養合作的工具箱中增添一些好工具，找出能親子能夠合作無間的方法，同時也不會讓家長失去理智。首先，請家長先問問自己：「現在，我可以做些什麼來『幫助』我的孩子？」原則上，欲培養孩子的合作精神，有以下幾個重要原則：

➡ 和孩子一起解決問題。

➡ 讓孩子參與其中。

➡ 以一種能幫助孩子傾聽的方式，與他們進行交談。

➡ 管理好大人的期待。

➡ 給予小小的獎勵。

NOTE 基本上，想要孩子具備合作精神，最重要的基礎就是家長和孩子先建立好信任與情感聯繫。因此，當發現育兒就像是一場永無止盡的對抗時，不妨先回顧一下上一章所介紹的內容。

和孩子一起解決問題

我喜歡先從找出「可以和孩子一起合作的方式」開始，來解決問題，如此，能讓他們覺得自己對問題的情況有一定的控制力。儘管孩子還小，但實際上就連還在學習走路的孩子，都希望他們可以參與到生活中的所有事情。

當問題發生時，即便孩子不用負責任，但他們可以對如何解決問題提出意見。家長可以這樣問：「**我們如何解決這個問題呢？**」然後和他們一起想出解決方案。家長可能會想出大部分的主意，但即便孩子正在學習這個過程，也不要低估他們。有時，他們會想出很棒的點子，甚至比大人的更有創意。例如：

➡ 「你想待在公園裡，而我準備離開。我想知道我們該如何解決這個問題。」

➡ 「你想完成那道謎題，然後再穿上你的衣服嗎？好的，我先去穿衣服，然後再回來看你是否需要幫助。」

➡ 「現在有兩個孩子，但只有一個玩具。我想知道你將如何解決這個問題。」

事實上，即使是還不會說話的孩子也可以幫忙解決問題。比如，如果一個還在地面爬行的妹妹，拿走了姊姊的一個玩具，她可能會想出「拿另一個玩具給妹妹玩」的主意。

如果是更大的問題，家長可以寫一張解決方案的清單，把孩子想出來的點子通通寫下來，即便是看似行不通的點子也都先寫下來。接著，和孩子一起看看這張清單，找到親子都能接受的解決方案。或者，可以先選擇

一個方案進行嘗試，並設定一段執行時間再回頭看看，這個解方是否有效或需要微調。這個過程對孩子來說可能不那麼正式，但實際上這麼做是正在學習一種「解決問題的作法」，而這樣的作法隨著他們長大，家長可以在此基礎上繼續努力，使它發展的更成熟。

除此之外，比起大人，孩子其實更能掌握計畫中的解決方案並貫徹執行；這也是和別人一起解決問題的一項偉大技能（而這會是我們在第七章談論兄弟姐妹關係時，要回過頭來討論的觀念）。

當家長讓孩子參與解決問題時，會發現大人變得更加輕鬆了。我們可以請孩子分擔一點責任，並保持開放的態度；對「孩子可能會以我們意想不到的方式想出問題的解方」感到好奇，而不是強求。

親子共同擬定檢查清單

解決孩子問題的其中一個好用方法，就是和他們一起做一個簡單的檢查清單，尤其是有圖片的檢查清單。例如：假設孩子早上總是抗拒穿衣服，父母可以把他們需要做的所有準備步驟，做成一張「早安檢查清單」；假設孩子睡覺時間很難入睡、總是不睡覺，可以另外做一張「晚安檢查清單」，清單上會包括他們睡覺前需要做的所有事情，比如喝一些水和上廁所之類的等等。

另外，家長可以畫出每個步驟的圖片，或者拍成照片、列印出來。如果孩子想每天改變順序，父母就可以為每個步驟製作成方便黏貼的方式，或者將雙面膠貼在圖片的背面，方便他們隨時更動。

有了這張檢查清單之後，爸爸媽媽就可以看看接下來需要做什麼；如此一來，是清單在工作，而不是我們。「你能看到清單上的下一步是什麼嗎？」或「檢查清單上說我們接下來要刷牙。」

早安檢查清單	晚安檢查清單
整理床鋪	吃晚餐
吃早餐	洗澡
穿好衣服	穿上睡衣
梳理頭髮	刷牙
刷牙	喝水
穿鞋、穿外套	上廁所／換尿布
	講故事時間
	準備抱枕
	睡眠時間

　　當孩子共同參與擬定和執行檢查清單時，他們就會對解決方案擁有所有權，更願意合作了。

讓孩子參與其中的方法

提供符合年齡的選擇

　　爸爸媽媽可以藉由讓孩子選擇來鼓勵他們合作。但在此所謂的選擇，不是他們要去哪裡上學那樣重大的決定，而是符合他們年齡的選擇。例如：他們可以在不同的季節要求下，從兩種顏色的 T 恤中挑選一件；或

者當他們要去洗澡時，讓他們決定要像袋鼠一樣跳進浴室，或者學螃蟹用四肢橫著走等等。

這樣做會讓孩子有一種「掌握局面」的感覺，並參與到整個過程，如此就能提升他們的合作意願。

NOTE 特別提醒，有些孩子不太喜歡做選擇，所以家長不必過度堅持要孩子選擇，可以彈性地對他們提出有建設性的建議，不必強求。

給孩子提供資訊

與其發號施令，比如「請把橘子皮放進垃圾桶」，爸爸媽媽不如以「提供資訊」的方式告訴孩子就好，比如「橘子皮要放進垃圾桶」。如此，孩子就會思考是否需要把它放進垃圾桶裡，而這就成了他們「自己選擇」做的事情，而不是大人的另一個命令。

使用簡單的詞語

有時，爸爸媽媽會用太多的語詞來給孩子下指令：「我們要去公園、要穿鞋子。鞋子可以保護我們的腳，穿上它們。你的鞋子在哪裡？穿上它們了嗎？」幾乎每天都會不斷地重覆這些冗長的語詞。各位家長不妨嘗試只用一個詞就好，「鞋子」。為什麼要這樣呢？

就像做選擇一樣，孩子在做每件事情時，也必須知道「自己」需要什麼，使用明確的單詞和孩子溝通，能讓他們對於當下情況擁有一些掌控權。

事實上，家長這麼做，也是在為孩子樹立「尊重別人」的溝通模式，而他們也會明白這一點。記得有一天，我們全家人要一起出門，而大家都在一個相當狹窄的前門邊穿外套和鞋子。當時大約七歲的兒子對我說：

「媽媽，鞋帶。」我低頭一看，確實我踩在了他的鞋帶上。他本來可以對我翻白眼，說：「媽媽，你一定要站在我的鞋帶上嗎？」或更糟糕的話，但是他用簡單又清楚的語詞和我溝通。

而這也再次提醒了家長，大人對孩子「做了」什麼，比對孩子「說了」什麼更具有說服力，因此溝通的語詞只要簡單明瞭就好。

取得孩子的同意

隨時歡迎孩子加入我們的日常生活，讓他們覺得自己是這個家庭和過程中的一部分，將有助於家長獲得孩子的合作與配合。比如，如果孩子總是難以出門或離開遊樂場，可以讓他們知道我們將在五分鐘內完成這件事情。然後，**我們可以檢查一下確定他們聽見了**，並與他們擬定一個計畫；他們可能不明白五分鐘到底有多長，但隨著慢慢長大，他們會漸漸地懂得時間的概念。

家長可以這樣說：「我看到你在拼這個拼圖，但我們五分鐘後就要離開這裡了。我擔心你可能沒有時間在我們離開之前完成它。你想把它放在一個安全的地方，等我們回來再繼續拼，還是想把拼圖放回去，以後有機會再拼呢？」

如果是在遊樂場，家長可以說：「在我們離開遊樂場之前，還有五分鐘的時間，最後你還想再玩一次什麼嗎？」

另外，我不喜歡用鬧鐘來提醒孩子該起床了；因為若經常使用鬧鐘，它就會成為一種「外在動機」，造成孩子不會主動自發的起床。不過，偶爾並在孩子的同意下使用鬧鐘，尤其是讓他們明白為什麼要使用鬧鐘，以及由他們負責設定鬧鐘的時間，就能獲得不錯的成效。如此一來，就像檢查清單一樣，是鬧鐘提醒他們時間到了，而不是爸爸媽媽。

改變說話方式和用詞，就能讓孩子聽我們說話

使用正面的言語

與其告訴孩子「不可以做什麼」，不如以正面的方式告訴孩子「可以做什麼」；例如：與其和孩子說「不准跑」（他們不應該做什麼），不如說「在室內我們用走的」（我們希望他們做什麼）。或是，與其跟孩子說「不，不要在地上爬」，不如說「你可以把腳放在地上走，也可以到床上爬。」

除此之外，當爸爸媽媽對孩子說「別叫了！」的時候，有時我們自己也可能提高了音量。雖然這樣孩子會清楚聽見我們不希望他們做的事情，然而，他們也會學習大人，大聲地喊回去。與此相對，我們應該輕聲細語地和孩子說：「讓我們用和緩平靜的聲音，別吵到別人。」

以尊重的語氣和態度和孩子說話

父母的說話語氣，是向孩子表達我們尊重他們的一種方式。抱怨、不安全、嚴厲或語帶威脅的語氣，都會扭曲父母的好意，更不能表達出我們對他們的重視，以及希望和他們一起完成的活動事項。

如果家長能時時提醒自己，確認自己說話的音量，以及語氣是否平心靜氣，這將有助於提升和孩子溝通的品質（可參閱第八章的方法，讓自己平靜下來）。如此一來，我們就能輕聲細語地和孩子說話，不必總是大聲嚷嚷，而我相信父母用這樣的說話方式，孩子也會豎起耳朵仔細聆聽我們所說的話。

向孩子尋求協助

孩子總是希望能參與其中，所以如果家長希望孩子進入屋內，也許可以請他們幫忙拿鑰匙或購物袋。在超市裡也可以請他們幫忙；事先和他們一起從 DM 上剪下圖片，或者畫一些簡單的圖案，擬定好購物清單，到了超市之後由他們負責找出這些物品，然後請他們把物品從貨架上取下來，或者把物品放到收銀臺的輸送帶上，幫忙結帳。

說「好」

如果父母每天說一百次「不」，孩子就會逐漸完全無視於它。因此，最好是把「不」這個字留到他們的人身安全狀況，真的可能會發生緊急狀況的時候才使用。

與其說「不」來設定限制或規範，事實上，一般來說都可以找到「不」以外的替代說法，來表達實際上我們同意孩子的觀點，進而說「好」。

假設一個剛學會走路的孩子想再吃一塊餅乾，但他們還沒有吃完第一塊。這時，父母可以用溫和的語氣說：「好，你可以再吃一塊餅乾……，不過是當你吃完這塊之後。」或者，如果家中餅乾吃完了，可以說「好，你可以再吃一塊……，不過是要當我們去商店的時候。讓我們把它寫在購物清單上。」

想要改掉「說不」的習慣需要一點時間，而記下所有說「不」的次數，可能有助於家長改掉這個說話習慣。另外，不妨也和親朋好友集思廣益，想想是否有其他更積極的作法，來應對下次對孩子「說不」的情況。

多多使用幽默感

孩子對幽默的反應很好，同時，它是一種鼓勵合作的輕鬆方式。

有的時候，我的孩子會很抗拒我幫他們穿衣服；這時，我就會假裝把他們的鞋子放在我的腳上，而他們會笑著告訴我：「不，媽媽，這個鞋子是要穿在我的腳上。」然後自己就乖乖地把鞋子穿好了。

很多時候，當爸爸媽媽的理智線快瀕臨崩潰、想要動怒時，幽默感特別管用。比如：唱一首愚蠢的歌曲這樣簡單的動作，就能緩解親子之間的一些緊張情緒，甚至讓孩子開懷大笑起來。當孩子不願意合作或是不聽話的時候，「幽默感」是與孩子重新開始的簡單方法。

如果孩子正在經歷「說不」的階段，請調整說話方式

想知道孩子什麼時候會處於「說不」的階段，非常容易；問他們是否需要上廁所、是否會穿衣服、是否想要巧克力，他們都會習慣說「不」。

到了孩子「說不」的階段，就表示爸爸媽媽可能要開始調整和孩子說話的方式了。改以「告訴他們正在發生什麼」，而不是「問他們」。比如，我們可以說「該吃飯了／該洗澡了／該離開公園了」。不過即便用這樣的方式和孩子說話，仍應該給予孩子尊重，並使用溫和的語調和親切話語和他們說話，只是變成大人在引導孩子，這個時候該做什麼了。

身教勝過言教

所謂「坐而言不如起而行」，有時，家長直接站起來做給孩子看，比坐在另一個房間重複說一樣的話還有用。比如，假設孩子仍然不確定該如何處理橘子皮，我們可以走到垃圾桶旁，用手觸摸或指著它說：「橘子要

放在這裡。」直接示範給孩子看。

　　請各位家長相信一句話：一個行動勝過千言萬語，更具有說服力。

家長要留意對孩子的期望

對於孩子的期望要符合他的年齡，並做足準備

　　家長們不能指望孩子在任何時候，都能以我們最喜歡的方式做事；希望孩子在診所的等候室、咖啡廳或火車上安靜地坐著，可能是非常困難的。別忘了，孩子有強烈的探索、行動和溝通的欲望，而且非常衝動。然而，這並不是說要為他們的行為開脫，只是希望每位家長能先做好準備，面對孩子每個可能的突發狀況。

　　首先，家長可能需要調整自己的期望：與孩子在一起出門，我們可能沒有機會看雜誌、看手機、或者講電話；在咖啡廳或餐廳，當孩子開始激動或吵鬧時，要做好準備帶他們出去走一走的心態，也許是去看看廚師的工作，或一起看看魚缸。在等候飛機起飛時，家長可以站在候機室的窗前，看看孩子在外面發生的所有行動，為搭上飛機做好準備。

　　其次，做足準備。不要忘了準備充足的水、食物、幾本喜歡的書，以及一個附有拉鍊的小袋子，裡面裝一些孩子喜歡的玩具，例如：幾輛火柴盒小汽車、一個裝著硬幣且可以玩投放遊戲的瓶子、一些貝殼等。如果在等待交通工具或任何行程有延誤的時候，這些準備就能轉移和安撫孩子不耐的情緒，讓他們繼續配合我們的行程或其他。

盡量等孩子完成任務後，再提出新要求

如果一個幼兒正忙著拼拼圖，而父母要求他們去做別的事，他們往往不會回應。而這時，爸爸媽媽就可能會想「孩子從來不聽我的話！」

現在，讓我們把自己放入這種情境：也許有人在我正回覆電子郵件時打斷我，而這可能讓我惱火；我只是想完成我正在做的事情，並投入了百分之百的專注力，卻偏偏被打斷了。

同理，如果我們希望叫孩子來吃午餐或提醒他們上廁所，都請家長盡可能「等待」他們完成正在做的事情，然後在他們開始做下一件事情之前，再問他們。

留點時間讓孩子思考處理

無論是幼兒或大一點的孩子，都需要一段時間來思考和處理父母所說的話。例如：我們要求他們穿上睡衣，但沒有得到回應，這時我們可以試著在腦子裡，非常非常慢地數到十，等他們一下。不需要大聲說話，這也是為了幫助我們，有足夠的時間等待他們吸收我們所說的話。

根據我的經驗，當我在腦中數到 3、4 的時候，我肯定會很想再對孩子重複說一遍，而當我數到 7 的時候，我可能又會想再問一次，不過就當我數到 8 或 9 的時候，通常往往孩子就會陸續有所回應了。

這並不是說孩子不聽話，而是他們需要時間處理父母所說的內容。所以，給他們一點時間吧！

保持日常的生活節奏

不要低估孩子是多麼喜歡，每天都有相同的生活節奏。而父母可以利

用這一點來管理對孩子的期望：起床、穿衣、吃早餐、出門、午餐時間、午睡時間、晚餐時間、洗澡時間、準備睡覺。以上日常活動，不一定要有固定的時間表，但例行公事越有規律，家長可能受到的阻力就會越小。（更多關於日常節奏的內容請參閱第七章）。

「寫紙條」的魔力

　　即便大部分的幼兒都還不識字，但「紙條」仍然可以發揮很大的作用。家長可以寫一張紙條，上面寫著「禁止攀爬」並把它放在桌子上，接著，可以指著紙條說：「上面寫著『禁止攀爬』」。一旦某件個資訊被寫下來，它就能帶來某種重量與權威；這是從標誌制定而來的規則，而不是由大人來重複這個規則。根據我的育兒經驗，這個方法始終有效。

　　另外，假設烤箱在孩子身高的高度，家長就可以在廚房裡使用紙條。當家長打開烤箱時，可以讓他們看到我們貼了一張寫著「燙」的紙條，提醒他們烤箱已經打開了，觸摸它會很危險。

　　紙條是非常有效的，即使是對還不識字的幼兒也是如此。但是，要適度地使用它們，如果紙條被貼的到處都是，它們肯定會失去效果。

　　另一種使用紙條的方法是記在筆記本上。如果孩子因為離開某個地方而感到不安，或者有什麼事情不順心，家長可以把鼓勵的、或是想對孩子說的話寫在筆記本上，也許還可以畫個圖。這對孩子來說，是確認我們已經聽到了他們的聲音，而有時，這就是他們所需要的一切。

培養合作精神的點子

和孩子一起解決問題

✓ 問孩子：「我們如何解決這個問題？」
✓ 製作檢查清單

讓孩子參與其中的方法

✓ 提供符合年齡的選擇
✓ 給孩子提供資訊
✓ 使用簡單的詞語
✓ 取得孩子的同意

改變說話方式和用詞，就能讓孩子聽我們說話

✓ 使用正面的言語
✓ 以尊重的語氣和態度，和孩子說話
✓ 向孩子尋求協助
✓ 說「好」
✓ 幽默感
✓ 如果孩子正在經歷一個「說不」的階段，請調整說話方式
✓ 身教勝過言教

家長要管理好自身對孩子的期望

✓ 對於孩子的期望要符合他的年齡，並做足準備
✓ 盡量等孩子完成任務後，再提出新要求
✓ 留點時間讓孩子思考處理
✓ 保持日常的生活節奏

「寫紙條」的魔力

✓ 無論制定規則或鼓勵孩子，都很好用

Part 2
設定限制與規範
——如何幫助孩子學會負責任？

　　一般而言，家長都可以在不訴諸威脅、賄賂和懲罰的情況下，培養孩子的合作精神。但是，即便這麼做了，孩子仍然不願意配合，那麼，爸爸媽媽就該學習如何對孩子設定限制和規範了。然而，這是蒙特梭利育兒法最困難的部分；畢竟，我們鼓勵父母要給孩子盡可能的自由去無限探索，好讓他們保持好奇心，卻又要在一定的範圍內確保他們的安全、教導他們尊重他人，並確立我們與孩子之間的界限。

　　就我的觀察，我發現在荷蘭的家長和孩童照顧者，都能很自然地做到這件事情，亦即：在「紀律」和「自由」之間取得平衡。我鮮少看到有荷蘭家長會因為這種事情，與孩子發生爭執，或是在進行溝通時，是以「大人式的咆嘯」結束對話。在荷蘭，我經常看見，即便坐在父母自行車後座上的孩子在哇哇大哭，但家長仍會保持冷靜，有耐心地和孩子說明他們為什麼現在要去這個地方，以及說一些話安撫孩子。

在這個單元我將和各位讀者介紹，如何設定一種能兼顧尊重孩子和其他家庭成員的限制與規範。我知道這需要一些時間練習；基本上，這就像是在學習一種全新的語言。不過，如果我們能從其他以此方式育兒的家長身上獲得一些支持，那麼，大家就可以相互學習，從而學會如何應對育兒時碰到的棘手問題。或者，當爸爸或媽媽的其中一方做錯時，可以相互提醒，都是為了盡力做到最好，不要自責，並以此為契機適時向孩子道歉。

設定限制與規範是可行的

當我的孩子還小的時候，我認為我的任務只有一個，就是讓他們快樂；而說實話，在育兒過程中，這是最容易達成的部分。身為父母，我們的任務是要幫助孩子處理生活中會遇到的「所有問題」：遇見好事與他們一起慶祝、碰到壞事與他們一起面對，以及協助孩子處理情緒問題，所有失望和悲傷的時刻。

為此，為了確保孩子安全、告訴孩子如何尊重他人、當孩子做出錯誤選擇，以及幫助孩子成為一個負責任的人，家長必須適時地向孩子設定限制與規範。有時，設定限制和規範是一件相當困難的事情，因為孩子可能會不喜歡我們對他們所做出的限制。然而，當家長是以「支持和愛」的理由做出限制時，慢慢地孩子便會學習信任我們，並設身處地為爸爸媽媽著想，如此一來，親子關係就會更加緊密。

在育兒階段，兩到三歲的孩子會經歷人生的第一個叛逆期：時常亂發脾氣、拉扯爸媽的頭髮，或者拒絕穿衣服。但只要家長能在這個「孩子不容易相處」的困難時期好好陪伴著他們、和他們一起成長，便能讓孩子順

利度過這個階段，好好成長；更會知道無論如何，爸爸媽媽都會無條件地愛著他們。

擬定「明確」的家庭規範

小孩，尤其是剛學步的幼兒，需要所謂的「秩序」（order）：知道該期待什麼、什麼事情是一致的、什麼事情是可預測的；以及無論爸媽是在「一夜好眠」或是「被寶寶吵醒數次」的情況下，都會給予他們相同不變的愛與安全的保護。

因此，擬定一些家庭規範是不錯的方法。雖然有時規則太多，會讓人覺得太獨裁專斷，但是，確立一些簡單且明確的規則，確實有其好處；它能確保家庭中每一位成員的安全，彼此和平共處。這就好比社會上有一些成文的規則和法律，目的也是為了使這個龐大的社會體系能和諧地運作。

然而，我們之間有多少家庭有這些「基本規範」呢？也許貼在冰箱上？也許在客廳的牆上有一張家庭價值觀清單？或者，僅僅是大人之間的討論而已？

當我在家長研討會上提出這個問題時，我發現，大部分的參與者根本就沒有任何家庭規範；這表示絕大多數的家庭，都是在「發生了事情」之後才開始隨機應變，制定相關規範。畢竟，隨時遵守家庭規範對我們來說也不容易，更何況是孩子了。

想像一下，如果在這個社會上，總是隨意改變紅綠燈的規則：有時紅燈代表「停止」，而有些時候代表「前進」，各位大人們是否也會感到錯亂呢？同理，若家長總是隨意改變心意，孩子當然就會接收到混亂的資

訊，導致他們表現出不配合或搗亂的情況，一點也不足為奇。

　　以下提供一些關於家庭規範的範例，供各位家長參考，各位可視自身家庭的不同狀況，適當地進行調整。

如何設定家庭規範？

➡ **我們要善待對方**：這表示即使大家有不同的意見，也不會互相傷害、互相戲弄；這條規範是教導孩子該如何尊重自己和他人。

➡ **我們要坐在餐桌前吃飯**：這是一條實用的規範，它可以防止食物在家裡到處「亂跑」，另外，它還能提醒孩子：用餐是一個社交場合，不能一邊玩一邊吃東西。

➡ **每個人都要為家庭付出**：無論年紀多大，每個人都會為了「這個家」做出能力所及的幫忙與付出，而且無論大小，每個付出都是有價值的。

➡ **必須在雙方皆同意的情況下，才能彼此打打鬧鬧**：這句話對年幼的孩子來說，可能有點難理解，但他們明白這是什麼意思。無論是孩子和孩子，或是孩子和爸媽，可能總是會有打打鬧鬧的玩樂，但是一旦當中有一個人喊「停止」，就表示其中一人覺得不好玩了，因此這個打鬧遊戲必須中止。

　　以上這些家庭規範只是基礎，它們保有了隨時可調整的彈性空間；畢竟，隨著孩子的成長，家長可能需要視情況來修改這些家庭規範。但重點是，不要在爭吵中訂立或修改家庭規範，盡可能是在平常生活中進行，而最理想的情況是根據孩子的年紀，有計劃地調整家庭規範。

以溫和且明確的行動，貫徹限制與規範

「如果你向孩子說出了『規範』，就代表它具有意義。如果你是認真的，就請用溫和且明確的行動來貫徹這項規範。」

—— 簡・尼爾森（Jane Nelsen），《溫和且堅定的正向教養3》
（ *Positive Discipline: The First Three Years* ）

假設家長已盡了最大的努力想要和孩子合作，卻仍遭到拒絕，那麼就需要採取**「溫和且明確的行動」**。比如，孩子不想換尿布、亂扔食物，或者不願意離開遊樂場，這時，家長除了**「承認孩子的感受」**之外，還需要採取一些行動。因為我們是孩子尊敬的嚮導。

當爸爸媽媽需要處理孩子不願意配合的情況時，請先輕柔地摸摸孩子，如果有需要也可以把孩子抱起來，一邊抱著孩子一邊說明「為什麼我們現在必須做這件事」，比如換尿布、幫助他們把盤子拿到廚房放、帶他們離開公園等等。這樣的舉動與方式，正是示範給孩子看，爸爸媽媽明確堅定，但同時充滿愛的規定。

限制與規範須符合邏輯與孩子的年齡

限制和規範的結果，應該與行為直接相關，因為年幼的孩子無法遵循跳躍式的邏輯觀念。比如，對孩子來說，「如果不聽話，就不能去公園玩或吃冰淇淋」就屬於跳躍式的邏輯觀念，因為這兩件事情彼此之間沒有具體的關係，如此一來，這對孩子就是沒有意義的規範。

我曾經在飛機上聽到一位父親對他的兒子說：「如果你不聽話，我們就讓飛機掉頭回家。」但實際上，這是一個很難達成的威脅，所以對孩子

來說，根本無法產生任何行為上限制的效果。另外，許多父母會對不聽話的孩子說「如果你怎樣怎樣……，就無法得到貼紙。」說實在的，這只是一種賄賂，根本不是什麼規範。

與此相對，家長應該做出一個合乎邏輯的限制與規範。例如，假設孩子在室內丟球，而我們已經要求停止但他們卻不理會；這時，合理的規範應該是把球收起來，讓他們等一下再到室外丟球。

在此，讓我分享一個我和孩子的例子，而這個例子清楚說明了，究竟什麼是一個符合孩子年齡的規範，以及該如何確實執行規範。

我的孩子當時大約是七歲和八歲，他們在多功能自行車[6]內被彼此激怒，並侵犯了對方的個人空間。於是，他們開始互相踩踏對方的腳，而這讓我很難集中精神地繼續騎車，所以我要求他們停下來。而當他們又再互相踢來踢去時，我悄悄地把自行車停在路邊，請他們下車。我決定三人改為步行，直到他們彼此都準備好，可以心平氣和地坐在自行車內，我才重新開始騎車。

我明白在這種情況下，許多家長無法用「溫和且明確的行動」來阻止孩子，但我還是希望各位家長能盡可能地做到。剛開始，被迫下車的兩個孩子都很生氣，但我仍保持平靜的口吻說：「對，你們現在都很生氣，所以我們必須從自行車上下來。」漸漸地，他們平靜了下來。步行了一會兒之後，我問他們是否準備好再搭上自行車。後來，他們就沒有在前輪的大箱子內，互相踩來踩去了。

註6：bakfiets，這是荷蘭獨有的一種自行車，前輪處會有一個大木箱，可容納約四個孩子。

必須清楚表達規範的內容

我覺得以「我不能讓你⋯⋯」或「我要⋯⋯」這樣的句型，來設定限制與規範最合適。這樣的指令不僅很清楚，也能展現父母的身分，同時保有對親子雙方的尊重。另外，父母還可以走到孩子的身邊坐下來或蹲下來，以確保孩子聽到我們所說的話。

⇒ 「我不能讓你從他們手中拿走那個玩具。我會溫柔的把你的手拿開。」

⇒ 「我不能讓你打那個孩子。我要把你們分開。」

⇒ 「我在這裡放一個枕頭，保護你不會傷害自己。」

⇒ 「現在我要把你放下來。如果你想咬東西，可以咬這顆蘋果。」

不需要每次都解釋規範的內容

一旦孩子知道了這個規範後，父母就不需要每次都長篇大論地解釋。以「孩子每次用餐時都會亂扔食物的情況」為例。當爸媽發現自己總是一遍又一遍地說著同樣的對話：為什麼不能亂丟食物、食物是用來吃的等等；在這種情況下，就可以直接限制孩子，而不用再和孩子長篇大論地解釋規範的原因，或是再給他們一次機會。

如果亂丟食物的行為繼續下去，其實它就是在提醒父母少說話，轉而採取明確且溫和的行動，例如，我們可以這樣說：「看來你們都吃完了。那請把你的盤子放到廚房裡去。」（可參考 206 頁〈孩子亂丟食物，是想表達什麼？〉）。

為了安全考量所設定的規範

如果孩子正在做一些危險的事情，父母一定要馬上介入，以免讓他們陷入危險。而這也是我唯一會和孩子說「不」的時候；當你鮮少說出「不」時，「不」才會具有真正威嚇的作用，而這有助於在有危險時快速引起孩子的注意。

我認為有些事情是危險的，例如：觸摸熱的東西、靠近電源插座、跑到路上、在無人看管的情況下在街上走太遠、爬到窗戶附近等。當發生類似上述情況時，請務必將孩子抱起來，並和他說：「不，我不能讓你碰這個。」然後，將孩子帶離開危險的地方。

如果孩子又跑到危險的地方，或許爸爸媽媽就要一再重複這個將他們帶離開的動作。而通常如果這樣的情形一再發生，我會看看是否能改變環境，來消除或隱藏這些危險，例如，在電源插座上放一個盒子、將沙發移到電線前面，或者把玻璃櫃移到有門鎖的房間內。

孩子對規範的反應是嘻嘻哈哈的？

如果家長在給出規範時，孩子的反應是嘻嘻哈哈的，那就很難執行規範的指令了。不過此時，我仍然會繼續以溫和且明確的行動，來貫徹我對孩子提出的規範。

孩子之所以會對規範表現出嘻嘻哈哈的反應，有可能是想看到我們生氣的樣子。因此，保持冷靜是很重要的，家長可以這樣和孩子說：「雖然你現在想開心的玩，但是我不能讓你傷害弟弟。」

承認孩子對於限制與規範會有負面感受

孩子可能會對於限制與規範感到不開心，所以家長需要承認他們會有這些感受，並從他們的角度來看待這個問題。

孩子對規範可能有的負面感受

我從「非暴力溝通」（Nonviolent Communication）中學會如何猜測孩子可能的感受，而不只是簡單地說出「感受」的單詞而已。例如：

➡ 看起來你……
➡ 你是在告訴我……？
➡ 你是否覺得……？
➡ 好像是……
➡ 我猜你可能覺得……

當你想要猜測孩子是否感到失望時，你可以問：「你是想告訴我，我們要離開公園讓你很難過嗎？」或者，也可僅僅描述他們看起來的樣子，跟孩子說：「你現在看起來非常生氣」等。各位家長有可能會猜錯孩子的感受，但是沒有關係；或許孩子的反應會是「我沒有！」或者「我只是很失望。」但無論如何，爸媽感同身受的猜測詢問，能幫助孩子釐清其自身目前的情緒與感受。

像賽事轉播一樣描述事實

家長也可以使用《沒有壞孩子》（No Bad Kids，暫譯）和《提升兒童照護》（Elevating Child Care，暫譯）的作者珍妮特·蘭斯伯里（Janet

Lansbury）所提倡，也是我首次從她那裡聽到的方法：像「賽事轉播」
（sportscast）一樣，說出目前發生的狀況。

就像體育播報員對足球比賽的評論一樣，爸爸媽媽也能用播報事實的
方式，描述正在發生的事情，就像我們在「仔細觀察」中所做的事情一
樣。這麼做可以讓「事實」與「情緒」，在困難時刻保持一點距離，讓家
長得以用客觀的角度觀察和陳述當前的情況，避免感情用事，跳進去替孩
子解決問題。

以下是家長經常遇見的情況，而我們的應對方式，就應該像轉播比賽
實況一樣，客觀地描述事實，以幫助孩子脫離困境。例如：「你正抓著鞦
韆，而且你的手抓得很緊；我正在溫柔的，幫你慢慢鬆開一些」或「當我
們離開公園時，我會緊緊抱著你」等。

讓孩子的負面情緒發洩出來

當事情沒按照孩子的意願進行時，家長應該要去理解他們會有不好的
感受是很正常的，比如，沒有孩子想穿或合適的衣物。這種時候，就讓他
們生氣吧！如果他們願意，就請抱住他們；如果他們不願意，就保護好他
們的安全，不要讓他們因為生氣而傷到自己或別人，並待他們平靜下來之
後，再給他們一個擁抱。

請讓孩子釋放全部的情緒，甚至是最惡劣的感覺，都沒有關係。不
過，同時也請向孩子表達，即便是他們在感受最糟糕的時候，爸媽依舊會
愛著他們；而一旦他們平靜下來，如果有需要，爸爸媽媽隨時都在，也能
幫助他們可能因為生氣而必須做出的補償或改進。

我發現，一旦學步時期的孩子處理完他們的感受、平靜下來之後，他們往往會深呼吸或發出一聲大大的嘆息。建議家長可以觀察這種身體反應，來確認孩子的負面情緒是否已經完全平復了。

當孩子亂發脾氣時，該怎麼辦？

當孩子發脾氣時，實際上，他們是在表達某些事情沒有按照他們的意願進行；他們正在處在一個非常難過的狀態。或許，他們可能真的做錯了什麼，但當孩子正在發脾氣時，首先最重要的是**幫助他們平靜下來**。

我非常喜歡正念研究醫師丹尼爾‧席格（Daniel Siegel）和知名教養專家蒂娜‧布萊森（Tina Payne Bryson）合著的《教孩子跟情緒做朋友》（*The Whole-Brain Child*），在這本書中他們使用一種有趣的比喻：當孩子不高興時，他們會「掀開他們的蓋子」；這是什麼意思呢？所謂的蓋子，是指位在大腦上層部位，有個能幫助我們做出理性決定和自我控制的「大腦皮層」（Cerebral Cortex），而當我們生氣的時候，這個蓋子會被打開，一點用處都沒有；一旦這個蓋子被掀開了，所有的理由和辯解都會被置若罔聞。因此，家長首先要做的就是幫孩子「蓋上這個蓋子」，給予支持，讓他們冷靜下來。

這時，爸爸媽媽可以給孩子一個擁抱；但請不要假設每個孩子都會想要一個擁抱。有些孩子喜歡被擁抱來幫助自己平靜下來，但有些孩子則會把我們推開。如果孩子把我們推開，這時，爸媽要做的就是確保他們是安全的，不會因為生氣而傷害到自己。等他們平靜下來之後，再給他們一個擁抱。

另外，與其試圖讓孩子儘快停止發脾氣，不如允許他們安全地表達自己的所有感受，直到他們冷靜下來。另外，家長也可以向孩子表達，如果有需要，爸爸媽媽隨時都在，提供他們所需的幫助，甚至他們因為生氣做出不良行為時，也能協助他們做出相應的補償或改進。就這樣，當孩子亂發脾氣的時候，家長只要這樣做就可以了。

　　孩子亂發脾氣的情況，隨時都有可能發生；可能是在大馬路上、在超市裡、在公園內等等，無論在哪裡都沒有關係，只要家長盡你所能地將孩子帶離現場，並給予足夠的時間讓他們冷靜下來，就可以了。同時，也要請爸爸媽媽盡量保持冷靜，不要試圖去加速他們達到冷靜的時間，或分散他們的注意力。這時最重要的，就是**讓孩子把情緒徹底的發洩出來**。

　　在我兒子兩歲左右時，他發了一頓脾氣，大約持續了四十五分鐘；理由是他不想穿衣服。他先是憤怒、接著傷心，最後是尷尬、不好意思，他經歷了所有的情緒變化。漸漸地，他的哭聲慢了下來，最後他深吸了一口氣，說：「我現在準備好穿衣服了。」 在這四十五分鐘內，我始終保持冷靜，也因此我們親子之間的溝通得以維持下去，甚至可能更加緊密；因為他知道即使他不高興，我也會愛他。

　　假設那天我需要迅速出門，我會用雙手盡可能溫柔地幫他穿衣服，並冷靜地應用前面〈承認孩子對於限制與規範會有負面感受〉所提到的「賽事轉播」技巧：「你在穿衣服方面有困難嗎？你可以自己穿，或者我也可以幫你穿。我想，現在我需要幫助你。好，我知道你正在移開你的手臂，因為你不想把它放進去。我現在輕輕地把 T 恤套在你的頭上，你試圖把它推開，謝謝你告訴我，現在穿衣服對你來說有難度。」

「我應該忽略孩子亂發脾氣嗎？」

我曾經聽過這樣的說法：最好完全不要理會孩子亂發脾氣的行為。他們的想法是，幫助孩子排解脾氣，或關注這些父母不喜歡或不希望孩子做的行為，等同於是在鼓勵孩子從事這樣的行為。然而這樣的說法，我並不同意。

想像一下，假設我經歷了一段很糟糕的旅程，並將這件事告訴我的朋友；我跟他說，我的行李弄丟了、我對航空公司非常失望，而且我根本沒有得到任何幫助。這時，如果我的朋友完全不理我，甚至走出房間，這時，我會認為朋友不關心我，並對他們感到生氣。實際上，我只是想讓朋友聽我訴苦，幫助我冷靜下來，或者讓朋友問問我是否需要一些獨處的空間。

換言之，忽視孩子發脾氣的狀況，會讓孩子的情緒導向父母，而不是導向使他們不安的問題。而這也會在孩子需要與我們溝通時造成衝突。

與此相對，冷靜且溫和地承接住孩子的負面情緒，能鼓勵孩子勇敢地去表達自身的所有感受。如此一來，隨著他們慢慢長大，他們會找到更健康的方式，去處理這些不好的感受；同時，孩子也不會害怕與父母分享這些感受，因為他們知道，即使這些感受是龐大、可怕的，爸爸媽媽總能溫和且平靜地提供協助，陪伴他們走過感受不好的時刻。

為孩子佈置一個「冷靜空間」

簡・尼爾森在《溫和且堅定的正向教養3》一書中提到，家長應該要為三歲左右的大孩子，佈置一個「冷靜空間」（calm space）；在這個空間內會有他們最喜歡的東西，讓他們可以隨時去那裡冷靜下來。這和所謂的「暫時隔離法」（Time-Out）不同，因為孩子可以自行決定是否去那

裡，以及想待多久時間都可以；更重要的是，這個空間絕對不會被用來當成威脅孩子的工具。

與此相對，當父母看見孩子變得很激動，可以向他們建議「你想去『冷靜空間』冷靜一下嗎？」或「我們一起去『冷靜空間』，好嗎？」如果孩子拒絕，而爸爸或媽媽想讓自己平靜下來，也可以說：「我想去『冷靜空間』。」如果孩子從冷靜空間出來之後，仍然火冒三丈，父母可以溫和且冷靜地建議他們，可以再回去沒關係，直到感覺平靜下來為止。

一旦孩子冷靜下來，就重啟對話

一旦孩子冷靜下來之後，他們就能和家長談談，到底發生了什麼事情令他們這麼生氣。這時，家長可以給孩子一個擁抱，或等待他們要求一個擁抱。然後，承接他們的感受，並以他們的角度來看待問題，比如：「哇，這對你來說很困難嗎？你似乎真的不喜歡這樣。你看起來真的很生氣。」

如何幫助孩子做出道歉或補償？

「當每個人都冷靜下來之後，就應該開始處理任何因為生氣所造成的損壞：比如：把扔在地板上的東西撿起來、把撕碎的紙張收集起來丟棄，或者把抱枕疊起來放回床上或沙發上。大人可以主動幫助孩子做這些工作，或者也可以幫助孩子修復損壞的東西，例如破碎的玩具等……這是一種教導孩子

如何糾正錯誤的實際作法。」

——簡‧尼爾森（Jane Nelsen），《溫和且堅定的正向教養 3》

一旦孩子冷靜下來之後，家長就可以協助他們如何做出抱歉或補償，如此一來，能教會他們為自己的行為負責，是非常重要的一步。在我看來，「修復式正義」（Restorative Justice）（「我們怎樣做才能使事情變得更好？」）比懲罰（「拿走玩具」）是更好的教養方法。因此，沒錯，請各位爸爸媽媽接受孩子所有的感受，即使是最惡劣的感受也要包容，如此才能幫助他們平靜下來。而一旦他們冷靜下來之後，接著就要協助他們，學習如何為自己的行為負責任。

然而，如果我們在孩子尚未冷靜下來之前，就要求他們為自己亂發脾氣所造成的後果負責任，可能會導致他們更加反抗，如此一來會使情況更加糟糕。而這也是為什麼我會一再重申，面對孩子亂發脾氣、生氣，當務之急是讓他們先冷靜下來的原因。唯有冷靜之後，孩子才懂得如何為自己的行為做出補償或道歉。

如何做出道歉或補償？

假設我們的孩子打了人，在他們恢復冷靜之後，可以協助他們去看看被他打的孩子是否沒事、給那個孩子一張紙巾，或者詢問孩子是否應該為這件事情向對方道歉等等。

我經常用我孩子的例子來說明。隨著孩子慢慢地長大，他們已經學會如何為自己做錯的事情，提出抱歉或補償。我女兒有一位朋友來我們家過夜，而我的兒子覺得自己有點被冷落了，於是把她們房間的鬧鐘調到了凌晨四點鐘響。當我早上聽到她們的聲音時，我女兒和她的朋友都很生氣，

當孩子發脾氣、大吵大鬧時，該怎麼辦？

STEP 1 ▶ 了解觸發孩子生氣的原因，並盡可能避免

✓ 挫折感。

✓ 事情沒有依照孩子的意願進行，因而感到憤怒。

✓ 想要控制一切。

✓ 發生溝通困難，因為孩子的語言表達能力可能有限。

STEP 2 ▶ 幫助孩子平靜下來

✓ 擁抱：可以揉揉孩子的背、抱抱他們；在他們經歷各種情緒時為他們唱歌，可能包含從憤怒到強烈的挫折再到悲傷，有時候還會有後悔。

✓ 如果孩子把你推開，請確保他們是安全的，不會傷害自己、東西或別人。因此，請站在附近，繼續提供可能需要的幫助。家長可以這樣對他們說：「如果你需要一些幫助使自己冷靜下來，我就在這裡。或者當你準備好了，我們可以擁抱一下。」

✓ 如果孩子試圖朝自己的兄弟姐妹扔玩具或者打你，請將孩子抱離開現場，以確保大家的安全。另外，可以對他們這樣說：「我不能讓你打我。安全對我來說很重要，或者你想改打這些枕頭出氣？」

如果是大於三歲的孩子，可以這麼做：

✓ 對於三歲以上的孩子，家長可以佈置一個「冷靜空間」，提供孩子在他們不高興的時候使用；比如，一個有枕頭和他們喜歡的東西的帳篷，或者一個有玩具火車的角落。

✓ 家長可以詢問孩子是否願意去「冷靜空間」；如果他們回來的時候依舊怒氣沖沖，爸爸媽媽可以溫柔地告訴他們：「你看起來仍然需要冷靜下來，可以先待在冷靜空間沒關係，等你準備好了之後再回來。」

STEP 3 ▶ **抱歉補償（千萬不要省略這一步）**

一旦孩子冷靜之後，爸媽就應該協助他們做出抱歉或補償。比如，如果孩子在牆壁上畫畫，可以請他幫忙清理；如果他們弄壞了兄弟姊妹的玩具，可以請他們協助修理。藉由這樣的方式，孩子就能學會在做錯事情之後，承擔責任。

因為鬧鐘在半夜把她們吵醒了。

　　我介入這件糾紛並給予他們一些和解的方法；不過首先，我承認孩子們會有這樣的情緒是正常的；我兒了有被遺棄的感覺，以及女孩被吵醒的憤怒。最終，孩子們商定由他為她們做早餐，而我兒子在為她們做法國吐司時非常高興。不用說，當同一位朋友再次來過夜時，我問兒子是否會再用鬧鐘吵醒她們的時候，他很快地就說「不會」，而且之後也沒有再發生任何類似這種情況了。

向孩子示範如何為自己的行為負責

　　如果孩子年紀還小，家長可以示範給他們看，比如「我們去看看我們的朋友是否沒事。」「我很抱歉我的孩子傷害了你。你感覺還好嗎？」與其強迫小小孩道歉（萬一他們不是故意的），讓他們在口中咕噥說「對不起」，或者讓他們用諷刺的語氣說出來相比，由家長示範給孩子看，如何道歉或長，其效果更好。

　　事實上，當家長忘記某些事情、讓他人失望，或者不小心撞到別人的時候，都可以在孩子面前示範「如何道歉」。另外，當我們對於自己處理與孩子的衝突方式感到後悔時，向孩子道歉就是最佳的示範。如此一來，隨著孩子的成長，他們將學會如何真誠的道歉。

　　對我來說，幫助孩子在做錯事時「承擔責任」是育兒過程中最困難的地方。不過，這也是幫助他們未來成為受人敬重的重要種子。

確立限制與規範的技巧

盡早確立限制和規範

　　一旦讓孩子超過家長所能忍受的極限時，我們就很難以心平氣和和尊重的態度，來面對我們的孩子。當爸媽給出包容並給孩子太多的自由，而發生脫序的情況時，最終會以大發雷霆的吵鬧收場。因此，如果家長開始對孩子所作所為感到有點不太舒服、感覺快要發脾氣的時候，請提前介入他的行為，並在不失去耐心或大喊大叫的情況下，確定一個溫和且明確的規範。

　　或者有時候，剛開始家長對於孩子所做的事情感到無所謂，但後來發現自己快要被激怒了；在這個時候，也還不算太晚，我們可以說：「我很抱歉。我以為我對你扔沙子沒有意見。但我現在改變主意了，我不能讓你扔沙子。」（如果他們因此不高興，請參閱本章〈承認孩子對於限制與規範會有負面感受〉中，關於承認負面情緒和處理發脾氣的方法。）

如果家長也跟著生氣了

　　提醒各位，父母是孩子的嚮導。當我們自己心煩意亂時，不可能成為一個很好的嚮導或領隊。當孩子生氣或不配合時，其實是正在向大人尋求方向，因為現在的情況對他來說太困難，他不知道該如何是好；如果家長對這個困難情況也感到生氣或不安，就很可能把這個「原本是孩子的問題，**變成是父母的問題**」。爸媽的工作是在孩子遇到困難時支持他們，而不是為他們解決這些問題，例如：

　　➡ 當父母努力地讓孩子吃晚餐時，孩子已經把「不吃晚餐」當成是

我們的問題了。

➡ 當父母用心地讓孩子穿衣服時，孩子已經把「不穿衣服」當成是
我們的問題了。

➡ 當父母全力地讓孩子離開遊樂場時，孩子已經把「不想離開遊樂
場」當成是我們的問題了。

所以，以此相對，請讓孩子在爸爸媽媽的支持和幫助下，自行解決問
題：

➡ 為孩子提供營養的一餐，但讓他們控制自己的食量。

➡ 使用檢查表幫助孩子設計一個穿衣流程；假使他們不願意配合，
就讓他們穿睡衣出去。

➡ 讓孩子知道我們在五分鐘之內要離開遊樂場，不要改變計畫，或
停下來和其他家長交談。五分鐘之後要堅定的離開遊樂場，如果
有需要，可以協助孩子。

前後一致

這是關於「一致性」最後一點的重要說明。學步期的孩子正在試圖理
解他們周圍的世界；他們會測試底線到哪裡，看看它們是否每天都是一樣
的，而且往往一天不止一次。當他們知道爸爸媽媽的底線到哪裡時，對孩
子來說是真的非常有幫助；他們學會了當我們說「不」的時候，意思就是
「不」。父母是可靠、是值得信賴的，因為我們會想方設法照顧他們的安
全。因此，如果我們說「不」了，但又因為孩子不停地盧而改變主意，他
們很快就會了解到這是可行的手段；而這就是心理學家所說的「間歇性增
強」（Intermittent Reinforcement）：如果他們得到一次不同的反應，他

們就會繼續嘗試下去，測試規範的極限。

　　因此，如果父母不確定如何回應孩子的底線測試，可以說：「我不確定」或「讓我們再看看」。

NOTE 我們可以問問自己為什麼一開始就說「不」。如果在孩子哀求哭鬧之後最終給了他們霜淇淋，也許我們一開始就可以說「好」，避免前後矛盾。

想想看

1. 親子之間如何培養合作精神，相互配合？
   ・有什麼方法可以和孩子一起解決問題？
   ・有沒有辦法讓孩子做出選擇？
   ・我們是否可以用不同的方式和孩子說話？
   ・需要管理自己的期望，還是孩子的期望？
   ・試試看寫張紙條。
2. 當父母設定限制時，請確認是否溫和且明確？
   ・我們是否有明確的家庭規範？
   ・孩子是否學到了什麼？
3. 父母是否能夠承接孩子的負面情緒，幫助他們處理自己的情緒？
4. 一旦孩子冷靜下來，父母是否有幫助他們做出相應的補償或道歉？

孩子需要父母透過以下的方式表達對他們的愛：

⇒ 百分之百接受孩子本來的模樣。

⇒ 給予孩子探索和好奇的自由．

⇒ 和孩子一起培養合作精神。

⇒ 設定規範，讓孩子安全，並學會成為受人尊重和負責任的人。

讓父母成為孩子的嚮導，孩子不需要一個老闆或僕人。

「兒童的自由應該是讓他來指導自己和規範自己，如此，才能充分實踐『自主』和『自律』的自由，其形式表現為我們所說的禮儀和良好的行為。因此，我們有責任保護兒童不做出任何可能冒犯或傷害別人的事情，並制止不符合規定或不禮貌的行為。但就其他方面而言，每一個具有有益目的的行為，無論它以什麼形式出現，不僅應該被允許，更應該被仔細觀察；這才是最重要的一點。」

——瑪麗亞・蒙特梭利博士，《兒童的發現》

確立規範的 Check List

是否有明確的規定？

✓ 適當的家庭規範
✓ 前後一致的限制

在父母的規範中是否有愛？

✓ 俯下身子和孩子平起平坐
✓ 使用清晰和充滿愛的聲音
✓ 首先管理好大人自己的憤怒
✓ 如果孩子悲傷或沮喪，給予尊重和理解
✓ 如果孩子失去控制，要好好抱住他們或保護他們的安全

這個規範的背後是否有原因？

✓ 規範是否和孩子的安全或對別人、環境或自己的尊重有關？
✓「因為我說過」並不是一個足夠好的理由

規範是否符合孩子的年齡和能力？

✓ 限制與規範，可以隨著孩子的成長而滾動修改

是否邀請孩子一同尋找問題的解決方案？

✓ 有時候，最好的想法是由孩子自己發現的

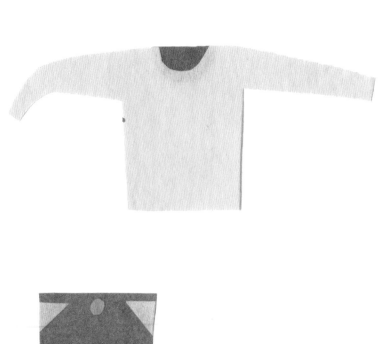

第 7 章

如何在日常生活
實踐蒙特梭利？

Part 1
孩子的日常起居與照顧

　　我始終相信,家長可以和孩子一起共同面對日常生活中的許多「對抗」,甚至將這些對抗轉變成和平的親子溝通時刻;我有沒有說過,我是一個理想主義者?

規律的生活節奏

　　孩童在規律的生活節奏中成長茁壯;他們喜歡「可預測」的一切:知道現在「正在」發生什麼,以及「接下來」會發生什麼,如此能提供他們一種安全和保障的感覺。然而,這樣的規律節奏不是什麼固定的時間表,必須精準地在幾點幾分做到什麼,而是每天遵循固定的生活節奏,對孩子來說是好的,如此一來,他們就能預測接下來會發生什麼,而這將大幅度減少他們產生「不知所措」的過渡時刻。

　　而這樣的生活節奏必須遵循孩子的精力狀況和興趣調整,隨著孩子的

成長，它們可能漸漸地有所不同。不過，透過觀察生活節奏的變化，家長可以提前知道孩子當前遇到的困難是什麼，從而為自己和孩子提前做好相應的準備。

照顧時刻＝親子溝通時刻

家長每天花很多時間照顧孩子，例如：幫助他們穿衣服、用餐、換尿布、上廁所、洗澡等。與其把這些日常照顧活動當作是例行公事，是我們需要快速完成的事情，不如把它們看作是與孩子溝通相處的時刻。

在這些時候，我們可以對孩子微笑、眼神接觸，和他們談論正在發生的事情；即便孩子還不會用語言表達，但當孩子好像試圖說些什麼的時候認真傾聽，也可以透過肢體語言幫助溝通；親子溝通之間輪流發言，也可以透過擁抱或其他肢體接觸表達尊重。

事實上，這些看似例行公事的日常照顧，提供了許多機會，讓爸爸媽媽能和孩子一起輕鬆過日子。請相信親子間，一定能過上簡單又美好的日常照顧生活。

在生活中建立「儀式感」

在我們的家庭生活中，很注重「儀式感」；它可以用來標記時刻和創造記憶。在一年當中的某些特殊時刻，爸爸媽媽可能會希望圍繞某些事件舉行一些儀式化活動，例如：

➡ 生日

➡ 假期

一個孩子的日常

✓ 起床

✓ 在臥室玩耍

✓ 和爸爸媽媽擁抱、看書

✓ 上廁所／換尿布

✓ 吃早餐

✓ 穿衣服、洗臉、刷牙

✓ 在家玩耍／早上出門／逛市場／出門去托兒所（如果有的話）

✓ 午餐

✓ 上廁所／換尿布

✓ 午睡時間／休息時間

✓ 使用便盆／換尿布

✓ 在家玩耍／下午出遊

✓ 下午吃點心

✓ 到托兒所接孩子（如果有的話）

✓ 在家玩耍

✓ 吃晚餐

✓ 洗澡

✓ 上廁所／換尿布

✓ 故事時間

✓ 睡覺時間

➡ 季節性活動，比如依照四季不同，親手製作相應的工藝品、食物，或外出活動

➡ 新年假期

➡ 每週定期舉行的儀式化活動，例如：週五下午去公園，或週日早上做一頓特別的早餐

隨著時間的推移，這些儀式化活動對孩子來說會變得越來越熟悉，同時是值得期待的，而且往往也會是他們童年記憶中最深刻的事情。就像孩子喜歡日常生活節奏是可預測的一樣，他們同樣會想要知道，在這些儀式化活動中可以期待什麼。

如果爸爸媽媽來自不同的背景、文化和國籍，就是一個好機會，我們可以根據不同的文化起源或傳統，創造獨有的儀式感，成為「新」的家庭傳統家庭活動。這些儀式化活動可以用食物、歌曲和我們一起慶祝的人為主題，或者，也可以在家中舉辦季節性的親子手工藝品展等。

在蒙特梭利學校，我們會為每一個孩子的生日，創造一個特殊的慶祝活動：孩子會以象徵太陽的物品為中心，繞著它走直到和孩子現在年齡一樣的圈數，比如三歲就走三圈。這是一種十分具體的來表現時間流逝的方式，以及我們在地球上和太陽之間的關係。

小時候，我總是很清楚爸媽會在後院的生日派對，為我們準備什麼食物和派對遊戲。比如，在夏天等於會有大量的芒果和櫻桃，整天穿著泳衣，赤腳在草地上跑來跑去（以及黏在腳底上的「賓迪眼」〔bindi-eyes〕，那些長在澳洲草地上的獨有雜草）。現在，我非常懷念小時候的夏日時光，甚至也懷念賓迪眼。

另外，年末在阿姆斯特丹，我們家也有許多傳統儀式活動。在 12 月

1 日，我們會自製「倒數日曆」（Advent Calendar，亦即基督降臨曆），並在 12 月每一天的日曆中藏一張小紙條，寫著每天要做的有趣事情，例如：晚上散步去看節慶燈火、烘烤餅乾，或做手工藝品。

在 12 月 5 日，我們會慶祝荷蘭傳統的聖誕節（Sinterklaas）。在這天，大家會抽籤準備禮物及詩詞送給另一個人，還有為對方製造驚喜。而在 12 月中之後的光明節（Hanukkah），我們會點蠟燭並唱著慶祝光明節的歌曲《萬古磐石》（Ma'oz Tzur）。到了聖誕節當天，全家會交換禮物並吃一頓豐盛的家庭聚餐。事實上，我們家的每一項儀式化活動都十分低調，花費不高，也不講究排場；這些儀式化活動的重點是全家人能團聚在一起，而不是奢華鋪張，講求完美。

若想深入了解關於有趣的家庭儀式和傳統習俗，我推薦各位讀者閱讀：艾曼達・布萊克・蘇爾（Amanda Blake Soule）的著作《創意家庭宣言》（The Creative Family Manifesto，暫譯）。

讓「穿衣服」和「出門」不再是場惡夢

爸爸媽媽總是為孩子「穿衣服」和帶孩子「出門」感到困擾嗎？事實上，家長只要善用一些引導孩子的原則，找到他們願意合作的方法，就再也不用以威脅或賄賂的方式，讓「換穿衣服」和「出門」不再是一場親子對抗！

同樣地，幫助孩子自己「穿衣服」，可以成為一個親子溝通的最佳時刻；即使是必須外出工作的父母，也能藉由蒙特梭利的方法，讓孩子的換衣時間變得更加愉悅。

留意衣服的類型

當我們的孩子開始嘗試自己做事情、大喊著「我自己來！」時，就請幫孩子準備一些他們能自行穿好，或只需些許幫助就能穿好的簡單衣物。

合適的選擇：

➡ 有彈性腰帶的短褲和長褲，讓孩子可以輕鬆拉起，而不必解開拉鍊或鈕扣。

➡ 大領口的 T 恤（或在肩膀上有一個按鈕，穿著時可以把領口打開一些）。

➡ 有魔鬼氈或帶釦的鞋子，會比鞋帶更方便，或者是防滑的鞋子。

不合適的選擇：

➡ 長版衣服或長裙，這種衣服會讓學步的幼兒難以駕馭並限制其行動。

➡ 連身工作服或吊帶褲，這種衣服會讓孩子難以獨立穿脫。

➡ 緊身牛仔褲或其他極度合身的緊身衣。

物盡其用，各得其所

正如我們在第四章中所介紹的，家長可以把家中的環境佈置成讓每個人都生活的更輕鬆的樣子。當我們為每樣東西都安排好收納位置時，這些東西就很容易被找到，就不太可能發生總是在找某一隻腳的襪子或鞋子等

情形。例如在走廊上，有了這些東西將大有幫助：

⇒ 用來懸掛大衣和圍巾的鉤子。
⇒ 用來擺放手套和帽子的籃子。
⇒ 收納鞋子的鞋櫃。
⇒ 穿脫鞋子時可以坐的地方。

有了這些準備，這個區域不僅對於「出門」或「回家」時穿脫鞋子具有實質的幫助，也更能吸引孩子自行完成穿脫鞋這件事情。我們會少一些「另一隻鞋在哪裡？」，多一些「你今天想穿黑色的鞋還是藍色的鞋？」的思考時間。如此一來，以往總是「混亂」的出門時間，反而會轉變成親子共同合作與溝通的最佳時刻。

讓孩子學習自己動手

別忘了，當大家不急著出門時，我們也可以花一些時間教孩子穿衣服的技巧。事實上，孩子非常喜歡「自己動手做」任何事情。因此，不妨教教他們「蒙特梭利外套翻轉穿法」（Montessori coat flip），這樣之後他們就能自己穿上外套了。

鷹架技能

年齡較小的孩子可能需要一些協助，幫助他們自己穿衣服；而這是一個提供鷹架技能的機會。所謂鷹架技能，誠如我們在前面介紹過的，父母可以把穿衣服的流程分解成幾個小步驟，而每一個步驟都建立在另一個步驟之上，如此一來，他們就能學會如何自己穿衣服。隨著孩子慢慢長大，他們會學會更多的穿衣小步驟，最終掌握全部的穿衣流程。

蒙特梭利外套翻轉穿法

1. 把外套放在桌上，內裡
   領子部分朝孩子，請孩
   子站在領子或標籤旁。

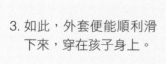

2. 請孩子把手放進袖
   子裡，再把手臂舉
   過頭頂。

3. 如此，外套便能順利滑
   下來，穿在孩子身上。

首先，請家長經常觀察孩子的穿衣情況，看看他們在哪些地方需要協助，並讓他們自己先嘗試一個小步驟。當孩子嘗試時，我們必須「袖手旁觀」，而孩子如果能夠自己成功做到，他們會非常開心。這個時候，我們可以把 T 恤放在他們的頭上，看看他們是否能靠自己把手臂放進袖子裡。

當孩子嘗試自己穿衣服，開始感到沮喪時，爸爸媽媽可以先插手幫助一下，然後再退後一步，看他們如何處理。如果他們在穿鞋的時候卡住了，可以試著頂住他們的鞋跟，然後看看他們是否能自己成功穿好鞋子。如果孩子把我們推開，可以對他說：「好吧，如果你需要任何協助，讓我知道，我就在這裡。」

隨著孩子日漸長大，他們或許能獨自處理越來越多的小步驟，最終獨立完成穿衣流程。這個時候，家長可以選擇在同一空間和同一時間，和孩子一起換衣服；或者，試著離開房間，讓孩子獨自留在房內換衣服，並不時回頭去看看他們穿衣服的過程是否變得更加流暢。

放慢速度、允許孩子慢慢來、好好溝通

當爸爸或媽媽不需要出門，每個人通常要花多長時間來換衣服呢？也許十五分鐘？二十五分鐘？事實上，當我們需要出門去學校、工作或其他地方時，也可以花相同的時間換衣服，不用急急忙忙。

家長若覺得坐在那裡看著孩子，依他們自己的速度換衣服很難熬，或許可以想辦法讓這個過程變得愉快，比如，喝一杯熱茶或熱咖啡（記得放在孩子碰不到的地方）；或者聽一些輕鬆愉快的音樂，來緩和大人的焦慮和擔心。

當孩子不想穿衣服的時候

首先，要請每位家長做好孩子不想自己換穿衣服的心理準備。當爸爸媽媽看到他們拒絕自己穿鞋時，可能會感到很沮喪，因為就在昨天，他們似乎還很高興能為自己穿鞋子呀！換個角度想，我們也不想每天都做晚餐吧？因此，請隨時準備好提供協助的準備，也許可以對他們說：「你今天想讓別人幫你穿鞋子嗎？」

另外，也請各位家長記得，這個時期的孩子正處於脫離父母而逐漸獨立的過程，有時候他們會希望我們幫忙，但有時又會想要自己做，而這就是我喜歡稱之為「獨立危機」（the crisis of independence）的階段。如果孩子一直有這個問題，就是「有時會自己做，有時又會想要爸媽幫忙」，建議爸爸媽媽可以回頭看看第六章中，關於如何鼓勵孩子合作的方法。

另外，以下是一些有助於孩子自行穿好衣服的好方法：

⇒ 等待，直到孩子完成他們的活動。
⇒ 讓孩子有時間來處理家長的要求。
⇒ 讓孩子自己挑選衣服。
⇒ 適度使用幽默感。
⇒ 設定符合孩子年齡的期望。
⇒ 使用檢查表。

NOTE 如果孩子不想換尿布，可能是因為他們不喜歡在換尿布時仰躺著，這會讓他們感覺不舒服；雖然躺著換尿布對家長還說比較方便，但實際上經過練習，爸媽可以坐在一個低矮的凳子上，讓他們站在我們的雙膝之間換尿布，也十分方便。至於排便，則可以讓孩子身體往前傾，扶著浴缸邊緣或矮凳，這樣家長也方便為他們清潔屁股。

如果真的該出門了

　　儘管爸爸媽媽可以讓孩子慢慢學習、慢慢掌握技能，但我們不必當聖人——允許孩了有無限的時間「慢慢來」。如果時間用完了，家長可以告訴他們：「你真的想自己穿衣服嗎？該出門了。讓我幫你把最後一件穿上。」如此，可以讓孩子了解我們的底線，並在需要時設定一個時間限制。

　　要幫助孩子完成換衣服的最終流程時，請爸爸媽媽用溫柔的手和「賽事轉播」技巧，幫助了解孩子遇到的任何阻礙，比如：「我正在幫你穿 T恤。好，你在閃開。你是想告訴我你不喜歡衣服越過你的頭嗎？現在我幫你套上你的左臂……」。

　　或者，爸爸媽媽也可以站在大門口，與其說：「我不管你了，我要出門了。」，不如說：「沒有你，『我』不會出門。但現在我要去穿鞋子，並去站在大門口。」對孩子來說更有幫助。

小小孩的用餐訓練

　　「用餐時間」是另一個親子溝通時刻，它能讓孩子了解到用餐不僅是一種社交場合，也是為了使我們的身體獲得營養。不過，孩子「用餐」這件事情，可能讓不少家長倍感壓力；我們希望孩子吃的飽以維持健康，這樣也許他們就不會在晚上餓醒。因此，有些家長可能已經養成讓孩子拿著點心邊走邊吃的習慣，或是在孩子玩耍的時候餵他們吃東西，這樣，我們就會知道孩子是否確實吃飽了。然而，有些家長在意的點卻恰恰相反，他

們擔心孩子是否吃得太多了。

蒙特梭利的用餐方式截然不同。我們會創造一個美麗的環境，或許是在餐桌上擺放一些花。另外，也會請孩子幫忙準備餐點和擺放餐具，並盡可能全家人坐在一起用餐。

大人的角色非常重要

孩子養成用餐習慣的過程中，家長扮演著十分關鍵的角色；家長決定了一切，比如：決定孩子在哪裡吃飯、什麼時候吃、吃什麼，以上這些都會影響孩子是否能與食物打好關係、奠定良好的用餐習慣。在這個階段，與其由家長餵孩子吃飯，不如事先把用餐環境或其他條件準備好，讓孩子能依照自己喜歡的用餐節奏進食，以及選擇自己想要吃的東西。如此一來，不用玩具飛機、不用甜點誘惑，或是用電視或平板來分散他們的注意力，孩子都能好好吃飯。

另外，請確定一個用餐規範，例如：必須坐在餐桌前用餐。為什麼確立這樣的用餐規範呢？因為這有助於孩子明白：

➡ 用餐時間是社交場合，也是一個親子交流時間。

➡ 坐在餐桌上用餐，比嘴裡含著食物走來走去更安全。

➡ 無論飲食或玩耍，我們一次只做一件事，不要同時做兩件事情。

➡ 食物只能放在餐桌上。

另外，誠如在第四章介紹的，我們也可以把廚房佈置的既能讓孩子獨立自主，又能讓他們參與其中，一起和大人備餐、料理。事實上，當我們讓孩子一同參與準備料理的過程之後，他們往往會對食物更感興趣，從而更願意好好吃飯；同時，如果孩子能自己倒水來喝，那麼他們就能學會在

需要時自己拿水來喝，而不用大人強迫他們多喝水。

在哪吃 | 確立用餐地點

我知道，孩子的晚餐經常需要比較早吃，導致爸爸媽媽必須把「工作」和「照顧孩子」混在一起處理，造成晚上的行程總是非常匆忙。話雖如此，家長是孩子學習的最佳榜樣，我們必須以身作則，讓他們知道用餐時間是一種社交場合，所以和孩子一起坐下來吃飯會是一件很棒的事。如果不想這麼早就吃飽，我們可以先吃一點小東西，比如一碗湯。

我自己喜歡在家裡的餐廳或廚房的桌子上享用主食，比起前方設有托盤的兒童高腳餐椅，準備一個可以讓孩子獨立進出的座位，是更好的作法；前者會使他們離餐桌更遠，而且需要爸爸媽媽的幫助，才能坐到用餐位置上。

或者，你也可以準備矮桌，讓孩子坐在矮凳上，這樣他們的雙腳就能平踩在地，會更有安全感。我喜歡在孩子的點心時間時使用矮桌矮凳，我甚至還會跟孩子一起坐在矮凳或地墊上，一起享用點心。我知道有些家庭在所有用餐時間，都是使用這種用餐方式；這當然也沒問題，可視每個家庭不同的狀況而定，最重要的是，能和孩子一起坐下來用餐。

我不會期望在所有人都用完餐之前，孩子依舊坐在餐桌前。在我們家，當孩子都吃完之後，會主動把自己的盤子拿到廚房。不過，隨著他們慢慢長大，我發現孩子願意待在餐桌上的時間會越來越久，開始懂得享受用餐的樂趣。

另外，如果孩子手裡拿著食物或叉子想離開餐桌，家長可以說：「我會把食物／叉子留在餐桌上。你離開沒有關係。」在蒙特梭利的教室裡，對於正在學習如何坐在點心桌前享用點心的孩子，我經常說這句話。說完

之後，如果孩子想要繼續吃，就會回來坐好；如果沒有，我會作勢要把餐桌上的點心清理乾淨，藉此向孩子表達「你離開餐桌，就表示用餐完畢，可以清理餐桌了」。

何時吃｜固定的用餐時間

與前面討論到的日常生活節奏一樣，不論什麼事情，孩子都需要一種規律性；用餐當然也不例外。我喜歡在固定時間提供餐點，而不是讓廚房全天候開放。除了一日三餐（早餐、午餐、晚餐），還會在上午或下午提供一些點心給孩子吃。固定的用餐時間，不僅能提供孩子充足的消化時間，同時也能避免他們吃太多零食點心。

吃什麼｜孩子可以吃哪些食物？

身為家長，當然可以決定孩子吃什麼食物；不過，如果想讓孩子自己選擇，我建議可以為孩子準備兩個爸爸媽媽也認可的食物選項。雖然現階段，三歲以下的孩子還沒有能力完全做出好的決定，但可以透過我們提供的食物和對話，了解這些食物選項。

從 12 個月大開始，孩子就不再需要使用奶瓶，可以在用餐的時候拿著杯子自己喝牛奶。剛開始時，請少量裝在一個小杯子內；至於究竟多「少」？或許就是一個如果孩子打翻了，家長能快速清理的分量。隨著孩子慢慢長大，他們會逐漸掌握「喝牛奶」這項技能，不再需要使用吸管杯或奶瓶。另外，或許有些媽媽會親餵母奶，也請固定時間。

此外，我允許我的孩子可以偶爾吃點糖果，不過採取「凡事適可而止」的態度。現在，他們依然偶爾會吃糖果，但非常自律。這是我個人的育兒決定；一樣地，無論是什麼「比較不健康的食物」只要家長保持前後

一貫的態度，孩子就不會無所適從。

吃多少｜讓孩子自己決定

好在「要求把盤子的所有東西都吃完」的飲食觀念，早已過去。我們希望孩子能學會聽從他們自己的身體需求，來了解何時是他們吃飽的狀態。我們可以先從少量開始，而不是一開始就把孩子的餐盤盛滿食物；因為過多的食物量，可能會令孩子不知所措或最後都被翻倒在地上。待孩子把少量的食物都吃完之後，如果他們還想吃，再給他們多一點。

總之，「吃多少讓孩子自己決定」，要相信他們，已經知道吃飽的意思了。原則上，這個階段的孩子不會讓自己餓肚子。如果我們取消食物的分量控制，並相信他們會聽從自己的身體需求，那麼他們就會盡可能地多吃東西。

如果孩子不是一個大胃王，我們便能經常觀察到他們的食欲波動。有時，他們似乎吃不完盤子裡的東西，不過或許是因為孩子處在生長高峰期，有時即便他們一天吃三餐，加上點心，似乎還是很餓的感覺。但不要擔心，孩子的身體，知道自己需要多少的食物量。

另外，即便是小小孩也可以學習使用餐具，自己吃飯。剛開始，叉子比湯匙更容易使用。我們可以告訴他們如何使用叉子刺穿一塊食物，再把它放在自己的面前，這樣就可以把它送入嘴裡；之後，隨著他們慢慢長大，就能自己接手越來越多的用餐步驟。至於如何學習使用湯匙，我們可以提供比較稠一點的食物，比如燕麥片等，直到他們掌握湯匙的技巧越來越好，再換上比較稀的食物。

食物大戰：孩子不吃飯怎麼辦？

如果家長發現必須自己親自餵孩子、賄賂他們，或用書本或電視分散他們的注意力，來讓他們好好吃飯，那麼，孩子正在把「用餐時間不好好吃飯」這個難題，丟到我們身上。如果各位有這樣的情況，現在是時候重新建立良好的飲食習慣了。

首先，家長可以向孩子簡單地解釋，我們已經改變了對用餐時間的看法，可以輕鬆地告訴他們：我們「全家人」想要一起用餐，更重要的是，讓他們學會聽從自己的身體，來決定餐點的分量。

從早餐開始，家長要提供營養豐富的早餐，然後和他們坐下來一起吃，並談論除了食物以外的其他話題！如果他們什麼都不吃，請不要說教，只要問他們「是否吃完了」，並幫他們把盤子端到廚房，還可以這樣對孩子說：「你聽從了你的身體告訴你的，它說它都吃完了。」如果這時，他們回過頭來還想要吃，請先向孩子表示理解，但清楚地告訴他們，這頓飯已經吃完了，下一餐會有更多的食物。

如果孩子在午餐和晚餐一樣不吃東西，請重複上述動作。另外，幾天不讓孩子吃零食也是個好方法，這樣就能避免他們總是在正餐時間太飽，不想吃東西。基本上，如果他們在一天之內沒有吃到太多東西，通常到了晚上可能就會因為肚子餓，多少吃點東西。

此外，家長也可以多準備孩子喜歡的食物，但不要經常為此變換菜色，除非孩子要求。因為這個階段，他們也正在學習如何配合其他家人吃一樣的食物。

請持續執行一個星期，並記下孩子吃東西狀況的日記；把孩子不吃食物的清單貼在冰箱上，然後不要在意這一週的改善成果如何。另外，也不

要對孩子不吃東西大驚小怪，或經常提醒孩子要多吃東西。要有信心，可能只需要幾天的時間，孩子就會自動自發坐在餐桌前，好好吃飯了。

NOTE 關於孩子不好好吃飯，除了上述的作法之外，建議要確認孩子是否有任何拒絕進食的醫學原因，或有其他與食物相關的問題。如果一週之後用餐情況沒有改善，或有任何擔憂，請諮詢專業醫生。因為沒有按時吃飯，可能會影響消化系統的運作，造成孩子的排便情況也出現變化。

孩子亂丟食物，是想表達什麼？

孩子喜歡探索他們周圍的世界，對他們來說，把食物從盤子裡扔出去就像一個實驗，看看食物掉下來會發生什麼事。一般來說，一旦孩子吃飽了就開始扔食物，這是因為他們在告訴爸爸媽媽，他們都吃完了。所以，我們可以問問孩子：「**你是在告訴我你都吃完了嗎？**」並向他們示範一個手勢：雙手掌心向上。「你可以用這種方式來表達『你吃完了』。現在，讓我們把盤子拿到廚房去。如果你需要其他幫助，請告訴我。」

如果孩子沒有吃完，還繼續亂丟食物；這時，家長可以**溫和且明確地**說：「我會幫你們把盤子拿到廚房去。」這不是語帶威脅的句子，只是在設定一個明確的規範（吃完飯要把盤子拿到廚房）。一般來說，亂丟食物只是一個短暫階段。請家長自我保持冷靜，以及對孩子始終如一的溫和態度（很重要），這個階段終將會過去。

同樣地，如果孩子故意打翻水，我可以把他們的杯子拿走，並說：「我把杯子放在這裡。你想用這個杯子喝水的時候，可以跟我說。」如果他們表示想要水杯，卻又把它翻倒在桌子上，這時我會平靜地把它拿開，

讓他們繼續吃完飯。

小小孩的睡眠訓練

　　在蒙特梭利教學法中，有許多關於睡眠問題的處理原則。各位家長可能會很困惑，究竟應該讓孩子在自己的房間睡？在爸爸媽媽房間裡，一張屬於他們自己的床上睡？還是在一張雙人床上和爸爸媽媽一起睡？在我們的蒙特梭利培訓中，會建議讓孩子在自己的房間裡睡覺。另外，睡覺是一段非常私人的時光，所以要找到一個適合全家人的安排。

　　大約在 12 到 16 個月大的時候，孩子一般會在中午時午睡，然後在晚上睡 10 至 12 個小時。然而無論孩子的睡眠時間多於或少於這些時數，只要他們在白天醒來時是開心且相當快樂，我們就會知道孩子是否得到充足的睡眠了。

孩子睡在哪裡最好？

　　孩子睡覺的地方，應該要確實保持安靜；家長要確保孩子的睡眠區域是安全的，沒有過多的干擾和視覺上的雜亂。另外，最好準備一種能讓孩子自己上、下床的方法。到了 14 個月大左右，他們可以搬到床架較低矮的幼兒床，讓他們能自己獨立爬上去，或者也可以使用地板床墊。

　　同時，爸爸媽媽不妨準備一盞小夜燈。英國教養專家莎拉・奧克威爾 - 史密斯（Sarah Ockwell-Smith）在其文章〈即刻改善嬰兒或兒童睡眠的簡單方法！〉中，建議家長應避免使用白色和藍色的燈光，最好使用紅色的燈光，這樣才不會影響褪黑激素的分泌。

另外，家長也可以預先準備好一杯水，以防孩子夜間口渴找水喝。其實也可以讓孩子睡在一張大雙人床，或是允許孩子在半夜起床之後，到爸爸媽媽的床上一起睡；當然，這根據每個家庭的情況而定，只要讓孩子清楚知道，什麼是可以的。

如果孩子的睡眠情況總是干擾到你，很可能是在睡眠安排的某些步驟上，對家長來說是不合適的，這時就必須做出一些調整與改善。

如何讓孩子進入夢鄉？

在前面的章節，我已經分享了許多關於當孩子需要協助的時候，家長應該怎麼做：首先父母會支援他們，接著介入協助，然後再退回去觀察他們；關於睡覺的學習，也是如此。

父母需要建立一個明確、有規律的「睡前時間」順序。建議為孩子留出一個小時左右的時間來洗澡、刷牙、讀一些書，並和父母聊聊當天發生的大小事。然後只在他們需要時給予幫助，最後讓他們自己進入夢鄉。

有些孩子自出生起，就有良好的睡眠習慣：當他們疲累的時候，就會自然地躺在地板床墊上睡覺——謝天謝地。這些孩子往往從出生起就有明確的睡覺習慣，並有固定的睡眠流程；即便他們昏昏欲睡但仍能知道要上床睡覺，也不需要父母做一些「睡眠連結」（sleep crutch）行為，就能自行入睡，也能自動學會，入睡時間和進食時間分開。

就像有些孩子可能喜歡看書入睡，而有些則可能在睡覺時哭鬧。如果我們知道他們吃的好、尿布是保持乾燥的狀態、玩的開心，那麼他們的哭聲可能代表他們準備睡覺了，但是我不建議單獨留下他們哭泣，最好陪伴他們直到睡著，觀察一下哭泣是否是其他因素造成的。

想幫助孩子自行入睡，在此推薦一個不錯且溫和的方法，就是在他們

的床邊放一把椅子。一旦睡前流程完成，爸爸媽媽就靜靜地坐在椅子上（或也可以看一本書）。如果他們在哭，就偶爾揉揉他們的背，說些安撫的話，但不要把他們抱起來。如果他們睡到一半突然站起來，我們可以先安撫他們，再讓他們重新躺下，不要進行交談或過多的眼神接觸。

如果孩子生病或正在長牙，他們可能需要家長一些額外的支援，因為這些事可能會擾亂他們的睡眠模式。一旦他們沒有不舒服的感覺了，我們就需要幫助他們恢復良好的入睡模式。

「睡眠連結」和「夜醒」

就連大人在夜間都會突然爬起來，昏昏欲睡地稍微走動一下，然後重新安頓好再入睡；小小孩當然也會如此。一般來說，成人很快就能再躺回床上入睡，甚至不記得自己醒過。然而，如果睡眠條件發生變化，例如枕頭從床上掉下來，我們就會清醒過來，四處尋找，直到找到它，然後再繼續睡覺。

嬰幼兒也是如此。如果他們是在被搖晃或餵食時睡著了，那麼他們就很容易在午睡或夜裡，從淺眠中醒過來尋找爸爸媽媽，並在相同的睡眠條件重新建立之前，無法好好安頓、再次入睡。於是，家長成為了他們的「睡眠連結」。

我和老大曾陷入一段惡性的睡眠循環：長達好幾個月，我必須搖晃他，他才有辦法入睡，也時常在吃東西時就睡著了；半夜會醒來找我，要我再餵他母奶，然後經常會肚子痛（事後我才明白，他之所以那段時間經常肚子痛，就是因為半夜喝奶還來不及消化完畢就睡覺的緣故），於是又會再醒過來。

我記取教訓，於是打從老二出生開始，就保持了明確的日常生活節

奏：吃飯、玩耍、睡覺……，如此一來，無論是對我們或孩子來說，什麼時候應該睡覺休息就更清楚了。老二她會自己躺到床上，從清醒的狀態逐漸到昏昏欲睡，幾乎不用任何人幫助，就能自己輕鬆入睡。雖然在家裡以外的地方，她不好入睡，但我想可能是家裡以外的睡眠區域，有太多視覺干擾的關係。

總之，請各位家長從我的錯誤中學習，務必切斷與孩子的「睡眠連結」。

如果孩子晚上醒來要餵奶，而爸爸媽媽想要切斷這樣的睡眠連結，或許將奶瓶中的牛奶沖淡一點，會是一個減少夜間餵奶的方法。我認識一位親餵母乳的媽媽，她說某天晚上她不小心在沙發上睡著了。或許是因為她睡在其他地方，沒有和孩子睡在一起的關係，那天晚上孩子半夜沒有醒來吵著喝母奶。於是，她在客廳沙發上睡了一個星期，之後她的孩子就再也沒有半夜醒來，吵著喝奶了。

另一方面，如果孩子是半夜醒來要抱抱或喝水，則可以換一條被子，或是在床旁邊放一個絨毛玩具，並且隔天醒來之後，我會找時間和孩子聊聊昨天晚上他起床討抱抱的事情。「你知道你昨天是因為什麼原因醒過來嗎？是因為沒有被子蓋著你就無法繼續睡覺嗎？讓我們想一個辦法，讓你在晚上突然醒過來之後，可以好好照顧自己，繼續睡覺。你有什麼想法嗎？或許，我們可以把被子塞進床墊的邊邊，塞得更緊一些，以免你踢被子；或者你想練習看看，如何把踢掉的被子重新蓋在身上？」

不過，如果孩子持續有睡眠障礙，難以入睡，甚至影響到其他孩子或家人時，就要請家長諮詢睡眠改善專家，找出原因解決問題。

「分散注意力」不是讓孩子乖乖刷牙的好方法

蒙特梭利教學法中，沒有關於「刷牙」的官方指南。不過，有些孩子不喜歡刷牙，而且這是常見的問題。

讓我們回到和孩子保持在相互尊重的關係上。無論孩子在哪裡、做什麼，我們都是與孩子「共同合作」，一起完成各項日常活動的夥伴關係。因此，我們讓孩子主導一切，看他們是想在洗澡前、洗澡中、洗完澡後刷牙都可以；孩子也可以和我們一起到商店，挑選他們想要用的牙刷。不過，家長必須清楚知道，「刷牙」不是可有可無的日常活動項目。

同樣地，刷牙這件事情，家長也應該為孩子準備一個「他們可以自己獨立完成」的環境，方便孩子可以自己刷好牙。另外，對於更小的孩子來說，「刷牙」可能代表大人幫他們「完成」每日所有任務的最後一個步驟，以及確保他們的牙齒乾淨。若家長要幫孩子刷牙時，請以溫柔且尊重的態度，輕輕地幫他們刷牙；試想，假設你是一個小小孩，突然有一個人把牙刷用力地塞到你的嘴裡的感覺，一定很奇怪吧。

除此之外，家長可以和孩子一起刷牙，如此能幫助他們，具體了解護理牙齒的方法。這時可以唱：「拿起牙刷，準備刷牙囉／前面刷刷二十下／後面刷刷二十下」[7]。唱歌，不是為了分散他們的注意力，只是為了讓刷牙時間，成為一天中的輕鬆時刻。

如果孩子發現家長試圖分散他們的注意力，可能會覺得爸爸媽媽在欺騙他們，而不是乖乖配合，這樣一來，孩子可能會更抗拒刷牙。就像將貼

註7：特別說明，此處並無固定曲目，在蒙特梭利教學現場，也會使用孩子朗朗上口的旋律來自編歌曲。

紙作為獎勵，這樣的作法或許可以持續一段時間，「分散注意力」的方法只能在一定程度上發揮作用，在孩子厭倦了這種「把戲」前，家長需要更加努力，好讓孩子持續對刷牙感興趣，喜歡完成「刷牙」這個任務。

　　如果家長已經嘗試和孩子一起刷牙，但他們仍然抗拒，這時爸爸媽媽可以冷靜地告訴孩子，以充滿信任和溫和的口吻：「現在我要幫你刷牙。我們要回到浴室去了。我正在打開你的嘴巴……」態度溫和且明確，向孩子表達「刷牙這件事情是非常重要的」。

Part 2
應對規律之外的「變化」

如廁練習

小小孩「如廁練習」的階段，其實並沒有這麼可怕；畢竟，無論年齡大小，如廁是日常生活中很自然的一部分。事實上，孩子在嬰兒時期，就能感受到父母對於髒尿布的反應，如果爸媽每次看到髒尿布的表情都很厭惡，那麼他們就覺得上廁所是「很髒的」，而不是一個人體的自然現象。

我非常喜歡一位蒙特梭利教師的比喻：一個嬰兒會自己站起來、摔倒、再站起來，然後再摔倒，一遍又一遍，直到他們掌握「站起來」為止，而我們認為這樣的過程其實很有趣。同理，當孩子在學習使用廁所時，他們在地板上撒尿或大便在褲子裡是非常稀鬆平常的事，因為他們正在練習如廁，這只是一個過渡時期，總有一天孩子會學會正確的上廁所。

因此，請家長以開放的心態接受這個過渡時期，而我十分願意幫助大家在這段時間減輕一點壓力。現在，就讓我們看看可以怎麼做吧！

利用「鷹架技能」，一步一步來

孩子可以慢慢學會關於如廁的技能，首先是從處理自己的衣服開始。剛開始，他們會練習脫下短褲或長褲，接著再脫下內褲。

家長可以試著在為孩子換尿布的時候，提供便盆，或帶他們去廁所，問問他們是否要自己上廁所看看，千萬不要強迫他們，但要讓它成為日常生活的一部分。爸媽可以這樣問：「你想坐在便盆或馬桶上嗎？」「現在你已經在便盆上完成大小便了，我要把你的尿布穿回去了。」

順帶一提，使用「布尿布」還可以幫助孩子在小便時感受到溼潤，提高他們的身體意識。

讓孩子決定，何時該上廁所

「如廁練習」這件事，最重要的是要跟隨孩子的步伐進行，因為這不是一場競賽。另外，以下關於「如何知道孩子已經大小便」的跡象，不限於年齡階段，包括：

➡ 當尿布溼了或弄髒了，孩子會扯尿布。

➡ 孩子會蹲著或到一個隱密的地方（非廁所）去大便。

➡ 孩子會告訴我們，他們已經小便或大便了。

➡ 孩子有時候會抗拒換尿布。

➡ 孩子會自己脫掉尿布。

和孩子一起佈置廁所

父母可以在馬桶上準備便盆或小馬桶座。如果孩子是直接使用馬桶，這時需要額外準備一個可以讓孩子自己坐到馬桶上的踏腳凳，同時也是他

們坐在馬桶時可以踩踏的地方，雙腳不會懸空，更有安全感。

另外，父母還可以在廁所裡設置一個區域，用來放髒衣服和堆放乾淨內褲的地方；準備一些抹布用來隨時清潔地面上的水漬，也非常管用。總之，盡量把所有東西都準備好，如此讓父母更輕鬆，而不是面對突如其來的情況時，還要匆匆忙忙地找東西。

如果孩子沒有去便盆或馬桶上廁所，而是直接尿在褲子上，家長可以平靜地說：「啊，我看到你的褲子溼了。我們需要的東西都在廁所裡了。讓我們來弄乾淨吧！」

當孩子尿褲子時，保持平常心

誠如前述，和所有的日常活動一樣，「上廁所」這件事，也能讓孩子參與其中，包括買內褲和便盆；家長也可以購買能吸收一到兩次小便量的「戒尿布學習褲」，在他們來不及到廁所小便時，讓他們不會弄溼褲子。

當家長在訓練孩子上廁所時，在家中可以先讓孩子只穿內褲，就能減少穿脫的次數，也可以降低清洗的頻率。這個階段的孩子正在學習「溼答答」是什麼樣的感覺，因此他們甚至可能會站著，看尿尿從腿上流下來。不過，這就是能幫助孩子增加身體意識的第一步。而如果發生這種情況，接下來爸媽可以帶孩子到廁所換衣服，蒙特梭利教師一般會說：「你的衣服溼了。我們去換衣服吧！」而非「你尿褲子了」。

一開始要定期提供便盆／廁所。如果爸爸或媽媽問孩子是否需要上廁所，他們通常會回答「不用」，這是一個正在發展自主性的孩子常見的回答。相反地，我們可以等到他們告一段落時，直接說：「該上廁所了。」引導他們去廁所。

如此一來，幾個星期之後，孩子就會開始對自己的身體有更多認識，

甚至有時候會主動告訴爸爸媽媽，他們需要上廁所。另外，我們也能觀察到，他們能暫時憋住尿意更長的時間。而最終，他們可以完全不需要家長提醒，依照身體需求主動如廁了。

處理夜間尿床的快速方法

家長可以在午睡和晚上時，讓孩子改穿內褲睡覺，當他們睡醒時，就能直接檢查尿布或內褲是否是乾的，進而了解孩子是否能在長時間的睡眠中控制大小便。

另外，也可以在孩子的床單上放上一條厚厚的毛巾，並把它塞進床墊邊邊，或者使用保潔墊；萬一孩子尿床的話，家長就能在夜間輕鬆地更換毛巾或保潔墊，而不會手忙腳亂。

為什麼孩子突然不大便了呢？

有時候，孩子會突然變得害怕大便。為什麼會這樣？有可能是某次大便時很痛，或是有人對孩子的大便做出不好的反應，導致他們害怕在馬桶上大便；或者有其他家長不知道的原因。如果爸爸媽媽認為有醫療上的問題，請務必諮詢專業醫生處理。

如果一切看起來都十分正常、沒有健康上的疑慮，那麼，就請保持冷靜，並以支援的方式協助孩子放輕鬆大便。家長可以這樣跟他們說：「大便準備好了就會出來。可能需要一個星期、可能需要兩個星期，但是它知道什麼時候會出來。我們的身體非常聰明。」然後盡量不要多次談論它。如果孩子感到腹部疼痛，就幫忙揉揉他們的肚子。

如果孩子經常跑到非廁所的隱密處大便，請家長不要心急，有耐心地引導他們到廁所（同樣是私密的地方）。或者可以請他們先穿著尿布坐在

便盆上，漸漸地，他們就會覺得即使沒有尿布或內褲，坐在便盆或馬桶上也是很安全的。同樣地，在如廁練習的過程中，家長只須提供支援，不要直接替他們做，並利用鷹架技能，把流程拆解成一個個小步驟。

如果孩子拒絕使用馬桶

請不要強迫孩子使用馬桶上廁所，請讓他們自己決定。我們不能操之過急，也不能替他們做，硬是把孩子抱到馬桶上；我們只能支援他們，並找出他們願意合作的方法。

父母不能為了帶孩子去廁所，而打斷他們正在做的事。我們可以繼續提供便盆或馬桶，並相信他們會學會如何使用。必須接受孩子不願意使用馬桶上廁所的階段，因為尊重我們的孩子，是蒙特梭利教學法中最重要育兒原則之一。

孩子故意在地板上撒尿

有時，一個已經知道如何使用馬桶的孩子，會突然故意在地板上撒尿；發生這種狀況時，請先觀察他們。通常，他們會透過行為表達對某些事情感到不高興，比如一個兄弟姐妹開始爬行，占據了他的空間。

換言之，尿在地板上的行為，是孩子希望父母看到他們；而家長可以從好奇心的角度來看，以便了解他們：接受他們可以有這樣的感受，但需要對他們的行為設定一個明確的規範，例如：「你在為某件事情煩惱嗎？我不能讓你在地板上撒尿。但我想和你一起解決這個問題。」我們可以回到先前的步驟，找到他們願意配合的方法，和孩子一起解決他們正困擾著的問題（相關介紹可參閱第五章和第六章）。

戒除安撫奶嘴

當爸爸媽媽選擇使用蒙特梭利教學法育兒時，不太需要使用「安撫奶嘴」（Pacifier），或者在孩子一歲之後就可以慢慢淘汰了。如果你的孩子仍然在使用安撫奶嘴，而家長想要慢慢戒除它，其實不會是一個太困難的過程。儘管孩子還小，但他們仍然能夠知道，爸爸媽媽要做出改變。

第一步，只有在睡覺時才使用安撫奶嘴。當孩子醒來之後，可以把奶嘴放在床邊的盒子裡，讓他們拿不到，這樣他們就不會受到誘惑，進而想要去使用。如果孩子在其他時間要求使用安撫奶嘴，爸爸媽媽可以先試著觀察他們為什麼覺得需要吸吮，從而解決根本問題。

也許他們需要用手做一些事情，比如玩玩具；也或許是他們在尋求與他人的連結，如果是這樣，爸媽可以給他們一個擁抱，或者幫助他們冷靜下來、放輕鬆。

以下是一些幫助孩子戒除安撫奶嘴的方法：

➡ 讓孩子用吸管吸優酪乳

➡ 讓孩子吹泡泡

➡ 讓孩子緊緊抓住一本書或絨毛玩具

➡ 讓孩子使用帶吸管的水瓶

➡ 讓孩子用吸管吹水，產生氣泡

➡ 洗完澡後，用毛巾輕輕擦拭孩子

➡ 給孩子一個熊抱，將他緊緊抱在父母的懷中

➡ 讓孩子揉麵團

➡ 給孩子擠壓式的沐浴玩具

➡ 為孩子做緩慢且有力的背部按摩

接著，家長可以和孩子一起擬定計畫，例如睡覺時，不要使用安撫奶嘴。最近有一個流行作法，就是把安撫奶嘴送給其他有新生兒的朋友。

一般來說，孩子需要幾天的時間，學習在沒有安撫奶嘴的情況下入睡，而在此期間內，他們可能需要一些額外的幫助，才能順利入睡。但請家長特別注意，這些「額外」的幫助必須恰到好處，要不然一不小心就會變成「睡眠連結」了。針對半夜經常醒來，有睡眠困難的孩子，可參考本章〈小小孩的睡眠訓練〉中關於睡眠連結的介紹。

學會與手足和睦共處

經常有家長告訴我，如果他們只有一個孩子，上述這些育兒方法很容易執行，但當家中有一個以上的孩子時，父母就很難平均分配時間來觀察每一個孩子，滿足個別的個人需求，並處理手足之間的爭執。更不用說，家中突然來了一個新生兒，或者較年長的孩子總是對其他年幼的孩子指手畫腳，都會對三歲左右的孩子造成困擾了。

新生兒誕生

在親子溝通專家安戴爾・法伯和依蓮・馬茲麗許的《沒有競爭的兄弟姐妹》（*Siblings Without Rivalry*，暫譯）一書中，他們用一個故事開始，說明了一個新的手足的誕生，可能會對他們的生活產生什麼樣的影響。

想像一下，某天我們的伴侶回到家，他非常愛我，但除了我之外，他還準備和新的伴侶睡在我們的舊床上，並穿上我們的衣服；我們將和這位新伴侶分享我倆現有的一切。我想，我們之中的任何人都會很生氣，甚至

嫉妒吧。由此可見，家庭中的新成員會對某些孩子產生巨大的影響，一點也不意外。

因此，在新生兒寶寶到來之前，家長可以預先做很多事情，讓家中小小孩做好準備。比如，可以和他們談一談，多了一個寶寶的生活可能會是什麼樣子。尤其可以使用有真實圖片的書籍，表達即便爸爸媽媽在照顧寶寶，還是能同時和家中其他孩子共度時光。另外，也可以讓他們和媽媽肚子裡的寶寶說話、唱歌，開始建立關係；可以讓他們幫忙佈置寶寶的房間。此外，也可以舉辦一個儀式活動，享受新成員加入前、我們這些舊成員彼此相處的日子，例如：在我女兒出生前一天，我和兒子一起去公園那天的點點滴滴，變成我永遠珍惜的記憶。

萬一孩子在寶寶出生時不在場，爸媽在把他們介紹給寶寶認識時，有個小訣竅：爸媽可以在孩子進入房間之前放下寶寶，這樣我們的注意力就會完全在孩子身上；對他們來說，比走進來看到我們抱著寶寶，要輕鬆多了。

另外，盡量讓家裡在前幾個星期保持簡潔，如果方便，可以請一些人手來幫忙，請別人幫忙分攤照顧寶寶的部分時間，我們才會有充足的時間繼續和孩子單獨相處。有些孩子喜歡參與照顧寶寶的生活，比如：幫忙拿一塊乾淨的尿布，或在寶寶洗澡時幫忙拿肥皂，但也有些孩子不感興趣，這也沒有關係。

另一方面，父母在替新生兒餵奶時，可以在一旁放上一籃孩子喜歡的書和玩具，這樣就可以在餵奶的同時，與其他孩子進行溝通。當孩子在玩耍而寶寶醒著的時候，我們可以和寶寶談一談孩子正在做的有趣事情，如此一來，寶寶會從我們的談話中受益，而孩子也會喜歡成為被談論的話題，覺得自己也參與其中（更多關於如何建立有一個以上孩子的家庭的想

法，請參閱 111 頁〈孩子之間如何共享空間？〉）。

當孩子對新生兒感到不安時

我們的孩子可能會說他們討厭寶寶；在這段混亂時期，孩子可能會因為情緒化、感到難受、故意破壞，從而說出這樣的話。其實，這種行為只是孩子在告訴我們，他們有點難受。因此，與其對他們說「你不是真的討厭寶寶」，否定他們的感受，不如記住：他們需要父母從他們的角度看問題，理解他們並和他們溝通。

請父母允許孩子可以有任何憤怒情緒，你可以問問孩子：「寶寶碰了你正在玩的東西，這讓你很生氣嗎？」並聽他們怎麼說，讓他們把真正的情緒發洩出來。話雖如此，父母不應該允許所有的行為，比如他們打了寶寶，以下這些是家長可以做的事情：

⇒ 立即介入，輕輕地把孩子的手移開，並告訴他：「我不能讓你打寶寶。我們要對寶寶溫柔。」

⇒ 爸爸媽媽可以為寶寶翻譯：「寶寶在哭。他們在說，你這樣太過分了。」

⇒ 向孩子示範更安全的互動方式，比如：「我們給寶寶看看這個絨毛玩偶吧！」

為每一位孩子創造「專屬」時間

父母可以找到許多充滿創意的方法，定期與孩子進行一對一的溝通，例如：去超市買東西、到路上走一走、去咖啡廳吃點東西，或者去遊樂場盪鞦韆十分鐘等。

另外，當孩子想從父母身上得到什麼，但父母卻沒有時間時，可以請

孩子先把它寫在筆記本上，然後在孩子的專屬時間拿出來討論，或一起完成孩子想要做的事情。

父母的態度請保持中立

孩子們喜歡把父母拉進他們的爭端中，要求爸爸媽媽選邊站。關於這一點，我最喜歡的建議是（有時我也會這樣提醒自己）：保持中立，不偏袒任何一方。父母的職責是**同時支持**意見相左的孩子，並在需要的時候保護雙方的安全，從中調解。家長必須分別站在雙方的角度去看問題，並根據他們的需求盡可能給予協助。沒錯，即使其中一個孩子還是在蹣跚學步的幼兒，也要這麼做。

曾經有一段時間，我的兩個孩子分別是兩歲和九個月大。有一天，他們同時都想要玩同一個玩具卡車。我想為他們解決這個問題，於是找了另外一個玩具，先分散其中一個孩子的注意力，再試圖讓他們彼此分享，一起玩這個卡車玩具。接著，我簡單地說：「玩具卡車只有一個，但有兩個人想玩；現在，該怎麼解決這個問題呢？」然後，我看到兩歲的兒子把玩具卡車的後段拆下來，給他九個月大的妹妹玩，自己則留下前輪的部分。沒想到兒子想出的解決方法，比我想的還有要創意！

請像擁有一個大家庭般養育子女

澳洲育兒教育家麥可・葛羅斯（Michael Grose）在其著作《茁壯成長》（*Thriving!*，暫譯）中，建議當家長在養育兩個手足時，要像有四個或更多孩子的大家庭一樣。為什麼呢？因為大家庭的父母不可能解決每一次的爭吵，以及讓每一個孩子都開心。父母是家庭的領導者，負責奠定家庭的價值觀，管理著這艘船該往何處運行。

父母何時介入手足之間的紛爭？

一般來說，當孩子們打架時，爸爸媽媽會衝進去問：「誰先動手的？」而這時，孩子會立即試圖為自己辯護，或指責他們的兄弟姐妹：「是他（她）先動手的！」如果手足之間發生爭吵，各位家長可以參考以下六個步驟，視情況需要逐步介入，調解紛爭：

STEP 1 在旁觀看孩子爭吵

在比較小的爭吵中，家長可以讓孩子知道，我們「看到」他們在吵架了，然後就離開；如此一來，孩子會將這一次的爭吵視作是解決衝突的重要經驗。因為他們知道爸媽已經看到他們在吵架卻沒有介入，表示我們相信他們可以自己解決爭吵問題。

STEP 2 觀察孩子

當爭吵越來越激烈時，爸媽可以留下來，站在旁邊觀察孩子。孩子會感受到我們的存在，而不需要我們說什麼。

STEP 3 提醒孩子，注意家庭規範

視爭吵的程度，爸媽可能需要提醒孩子注意某種家庭規範。比如說，如果聽起來打鬧遊戲太過火了，我們可以先了解情況，然後說：「這是經過雙方同意的打鬧遊戲。」或「你需要停止嗎？你似乎不太享受這個遊戲了。」

STEP 4 提供一些支援

當孩子雙方不能自行解決紛爭時，爸爸媽媽可以提供支援，幫助他們化解衝突，例如：

➡ 傾聽雙方意見，不做任何評斷。

➡ 承認雙方的感受，並向他們表示我們的理解，並能從雙方的角度看待問題。

➡ 客觀地描述問題為何。

➡ 向孩子表示，爸媽很有興趣聽他們如何解決這個問題。

➡ 離開，讓他們自己找到解決方法。

以下的情境，可以讓各位爸媽清楚理解，該如何使用上述技巧。

「你們兩個聽起來，對對方都感到很生氣。」（承認他們的感受）

「所以，莎拉妳想繼續抱著小狗。而你，比利想要輪流抱小狗。」（站在雙方角度，看待問題所在）

「這是個難題：有兩個孩子，但只有一隻小狗。」（客觀描述這個問題）

「我有信心，你們兩個可以找到一個對雙方都公平的解決方案。……以及，也對小狗公平的方案。」（離開，讓雙方自行找出問題的解決方法）

STEP 5 將孩子們分開，以便讓他們冷靜下來

當爸爸媽媽開始對手足之間的爭吵、打架感到不舒服時，可以出面將他們分開。「我看到兩個憤怒的孩子。我不能讓你們互相傷害。你到這邊來、你到那邊去，直到大家都平靜下來。」

根據我的經驗，即使是早熟的孩子，多半也會經歷上述的過程。

STEP 6 冷靜之後，找出解決問題的方法

一旦孩子爭吵冷靜下來之後，爸媽就可以和他們一起解決問題。而正

如我們在第六章討論過的：

➡ 每個人都要集思廣益，一起想出解決問題的辦法；如果是小小孩，爸媽可能必須想出大部分的解決方法。

➡ 由爸媽決定一個大家都能接受的解決方案。

➡ 爭吵過後，請爸媽繼續追蹤，看看這個解決方案是否有效或需要調整。

培養手足之間的親密感

一般來說，越是培養孩子之間積極互動，他們的關係就會變得更加親近。因此，家長可以為他們製造條件，無論孩子之間是否有很大的年齡差距，讓雙方享受彼此的陪伴。在平常，我們可以向其中一位孩子談談另一位的優點，或者問問孩子覺得有兄弟的姊妹的好處是什麼。

即便手足之間不一定會成為最親近的摯友，但我們可以藉由這種方式，期待他們尊重彼此。

因材施教，每個孩子適合的養育方式都不一樣

正如我們幾乎不可能每一餐都數出相同數量的碗豆一樣，如果各位家長試圖以「一模一樣」的方式養育每一位孩子，也幾乎是不可能的。與此相對，蒙特梭利教學法鼓勵家長，**根據每位孩子的不同需求，進行個別的適性教育**。

有時，有的孩子需要我們提供更多一對一的時間；也許是在他們的生日前後，或正在經歷發育變化的時候。因此，請讓家中的每一位孩子都明白，當他們需要幫忙的時候，父母隨時都在。每個兄弟姐妹都會知道，當他們需要幫忙時，父母會隨時待命。

如果孩子們同時需要父母的關注，可以這樣告訴他們：「我這裡一結束，我就來幫你。」而如果兩個孩子同時想說話，可以讓他們知道，你們兩個人說的話父母都會聽，只是無法同時進行，家長可以這樣說：「首先，我會聽完你（孩子 A）說的話，不過我也很想聽聽你（孩子 B）怎麼說。」

　　此外，家長也應該避免比較手足，例如：「你弟弟在乖乖的吃晚餐。」然而，這樣不經意的評論是很容易發生的。如此一來，就可能造成孩子自己也試圖與他的手足競爭。同樣地，當發生這種問題時，父母可以把焦點拉回到個人身上，而不是讓它成為手足之間的共同話題。例如，一個孩子提到他的兄弟姊妹有更多的乳酪，我們可以問他：「那你想要更多的乳酪嗎？」從而獨立對待每一個孩子。

不要貼標籤

　　關於避免貼標籤以及接受每個孩子的本性，可參閱第五章的內容。

Part 3
其他實用技能

建立「分享」的概念

　　當我們的孩子還是個嬰兒時，他們很容易把東西遞給我們，或者當東西從他們手中被拿走時，他們只會轉身去找別的東西玩。不過，當孩子到了學步階段，這種分享的意願會發生改變，因為他們對於「我」的感覺會越來越強烈，並渴望練習某件事情，直到徹底熟練為止。於是突然間，在十四到十六個月左右，我們會觀察到孩子的身體會十分靠近他正在活動的項目，並推開正在看他活動的另一個孩子，或者對走過來的無辜幼兒大喊「不！」。

　　在兩歲半之前，學步期的幼兒主要對「平行遊戲」（parallel play）感興趣，也就是：自己和另一個孩子一起玩，而不是分享他們的玩具或一起玩相同的遊戲。因此，如果我們期望三歲左右的孩子分享玩具，可能需要調整我們的期望。不過，如果孩子有年長的兄弟姊妹，或是在托兒所經常與其他人玩耍，那麼他們可能就會更早懂得「分享」這個概念。

輪流分享

在蒙特梭利學校，我們的基本規則是「輪流分享」，而不是要求孩子與其他人分享他們的活動素材。每項活動素材我們只有一個；孩子可以隨心所欲地進行活動（我們允許孩子重複、集中和掌握），不過必須學會「等待」「輪到」自己，而這是一項實用的概念。另外，我們也可以在家中擬定相同的規則，並在需要時提供協助：

➡ 觀察一下，看看孩子是否樂意讓另一個孩子觀看或加入活動。可以從他們的肢體語言中看出許多端倪，請家長只在他們需要時給予協助就好，盡可能讓他們自己解決比較簡單的紛爭。

➡ 如果有人想要玩孩子正在玩的玩具，協助他們使用正確的用字：「現在輪到我了，很快就會輪到你。」也可以請孩子把手放在臀部上表達堅決的態度。

➡ 幫助那些在等待中遇到困難的孩子。「你現在就想轉身離開嗎？很快就會輪到你了。」

➡ 如果孩子有肢體衝突，父母可以出面維持秩序；也許是用一隻溫柔的手，或用我們的身體擋在兩個孩子之間。「我不能讓你推他們。你是在告訴他們，你想玩這個嗎？」

大約兩歲半左右的孩子，可能會有一段時間樂於和其他孩子一起玩樂，不過，他們可以需要一些指導，例如幫助他們掌握一些單詞，或從發生的情境中學習：「看起來彼得現在想自己玩。那我們晚一點再過來，到時候就可以輪到你玩了。」

在遊樂場或公共場所時

在公共場所遇到的問題可能會比較棘手些，因為每一個家庭都有不同的家庭規範和解決方法。

如果有人在等我們的孩子盪完鞦韆，父母可以對等待的孩子說：「看起來你想盪鞦韆，等我的孩子玩好了，就可以輪到你了。你很快就能盪鞦韆了。」然後等待的孩子和他的父母，也就會知道我們看到他們的孩子想玩，他們的孩子將會是下一位。

另外，家長可以對自己的孩子說：「我看到另一個孩子在等著盪鞦韆了，讓我們從一數到十，然後就換他們玩。」而不是讓孩子一直玩到他想結束為止。這是在為他人樹立優雅和禮貌的榜樣。

與訪客分享

當有訪客時，父母可以先問孩子是否有任何他們想要收好放在櫃子裡的玩具，以及檢查一下哪些是孩子願意讓客人玩的玩具。盡量幫孩子做好準備，至於訪客可以玩哪些玩具，決定權還是以孩子的意願為主。

如何打斷大人的談話

雖然蒙特梭利是一種以兒童為主導的教育方式，但我們相信年幼的孩子依然可以像成人一樣學會等待，並以尊重的方式打斷談話。

我孩子的第一位蒙特梭利教師說過，如果她正在給另一個孩子上課，而他們有事情要告訴她，應該要把手放在她的肩膀上；這個動作是告訴

她，孩子有重要的事情要說。然後，一旦她有一個適當的時機，她就會停下來，看看孩子需要什麼。而這個原則也適用於家中。

如果家長正在打電話或與人交談，而孩子有話要說，我們可以拍拍自己的肩膀，提醒他們把手放在那裡，我們就會盡快詢問他們想說什麼。

這項技能需要練習，但它真的十分有效。孩子把手放在我們的肩膀上，而我們的手也可以放在他們的肩膀上，就可以傳達一個訊息給孩子：「我知道，你要告訴我的事情很重要，我馬上就來。」

給「內向型幼兒」的學習技巧

內向型幼兒（introverted toddlers）的父母，可能會擔心他們的孩子不像其他孩子那樣自信或外向；或者他們可能接受孩子是內向的，但擔心他們未來沒有相應的技能來面對這個需要社交的世界。

蘇珊・坎恩（Susan Cain）在其著作《安靜，就是力量》（*Quiet*）中認為，內向者的「同理心」和「傾聽能力」往往都被低估了。因此，身為內向型幼兒的父母，我們可以幫助孩子發現自身與生俱來的特點，而不是試圖改變他們。

因此，最重要的第一點，就是**接受孩子本來的模樣**；可翻回至第五章複習一下相關原則，比如：避免使用害羞這類的標籤，因為這些標籤可能會跟著他們一輩子，甚至變成一種藉口，例如我們會說「他們只是害羞」。與此相對，家長可以協助他們學習如何處理這些情況，例如「你想要更多時間來熱身／加入嗎？」。另外，盡量不要將他們和手足或街坊鄰居的其他孩子比較，例如：「看他們和其他人玩的多開心。」

然後，從接受孩子的本性為起點，請家長試著從孩子的個性來看待問題、了解他們遇到的困難，並且承認他們的感受。爸媽可以傾聽他們的心聲，或者在需要時抱抱他們。「你對去奶奶家／生日聚會／超市感到擔心嗎？」盡可能給他們安全感，如果他們會對某些情境感到緊張，這可以幫助他們提前做好準備，讓他們知道該怎麼做。

如果孩子在社交場合需要一些時間來熱身，就允許他們站在我們身旁觀察現場，直到他們準備好了再加入。等待的時候，我們不需要給他們任何特別的關注，或者特別留意孩子何時加入社交活動。我們可以繼續和別人交談；一旦孩子準備好了，他們就會慢慢離開我們身旁了。

另外，隨著孩子慢慢長大，家長也可以逐步幫助孩子訓練這項技能，增強他們參與社交活動的能力，這樣他們就不會覺得自己無法處理某些情況。而這些技能訓練包括：

➡ 角色扮演。例如，他們可以練習對開門的大人說「你好」、對開派對的孩子說「生日快樂」。

➡ 告訴孩子，如果在社交場合感到相當難受，可以藉口離開、休息一下。例如：「我只是想安靜一下」。

➡ 先在一些不需要一來一往對話的場合練習，例如：在商店付錢或在咖啡廳裡點飲料。如果有需要，家長會在旁邊支援，提醒他們：「你能不能說的大聲一點？服務生好像聽不到你的聲音。」

➡ 練習他們可以用來表現自信的簡單短語，例如：「停。我不喜歡這樣。」

➡ 向孩子示範如何使用身體語言，例如：如果有人做了他們不喜歡的事情，就把手五指張開，往胸前伸。

最後，我們可以藉由讚美孩子學會了什麼技能、他有好好照顧自己和他人等，來幫助孩子獲得自信。

另一方面，如果你的孩子非常有自信，總喜歡跑到其他孩子的面前擁抱他們，這時我可以為那些似乎不太享受被關注的其他孩子說一些話，比如：「看起來他們想和你保持距離，也許我們該確認一下，看看他們是否喜歡被擁抱。」這時，我們的孩子可能會對於其他孩子沒有像他一樣感到興奮，覺得有點在意；那麼我們就可以示範給孩子看，該如何接受他人有與自己不同的情緒反應。

記得，無論是什麼時候，當我們覺得應該要去關心孩子之前，都應該先向孩子確認，是否需要幫忙，尤其是陌生人的孩子。我們可以在給他們擁抱之前向他們確認（「你想要一個擁抱嗎？」而不是「給我一個擁抱！」），以及在抱起小小孩之前先告訴他，我們要將他抱起來並在碰觸到他之前，先取得孩子的同意，還有在為他們做一些事情之前，詢問他們是否需要幫助。在蒙特梭利的理念中，我們尊重孩子的發言權：是否需要幫忙、何時需要幫忙，以及如何幫助他們。每一位大人在幫助孩子之前，都應先詢問孩子的意願。

如何度過打人、咬人、推人的階段？

幼兒正在學習如何交流；有時使用文字話語、有時使用肢體語言，而有時他們也會用打人、咬人、推我們或其他孩子的方式，這對他們來說也是一種交流方式。雖然這是不好的行為，但是在家長的協助和支持下，孩子將能順利度過這個階段。

首先我要說的是，如果我們的孩子正處在打人、咬人和推父母或其他的孩子的階段，爸媽就應該在任何的社交場合中全程陪伴他們，以便隨時介入保障其他孩子的安全。家長不用過度擔心，孩子會發現我們總是在他身邊，我們可以待在附近或坐在旁邊。當發生打人情況時，爸媽可以輕緩地介入，或者在需要時將一隻手放在孩子們之間。爸媽可以承認孩子的感受，但同時停止這種錯誤的行為，並將孩子們分開。

另外，至少在一段時間內，家長或許可以有計畫地減少那些可能會使孩子不舒服，並引發攻擊行為的外出活動，例如：很多孩子聚在一起的場合、嘈雜的環境等。

仔細觀察可能原因，找出觸發點

幾乎所有育兒方面的問題，蒙特梭利教師的回答都是「先觀察」。因此，當孩子有攻擊行為時，爸媽也先觀察看看會導致這種行為的情況。以下是一些我們建議可以觀察的角度：

⇒ **時間**：這種行為是在什麼時候發生的？孩子是餓了還是累了？

⇒ **變化**：孩子在長牙嗎？家裡有什麼變化嗎？例如有新生兒或剛搬家？

⇒ **活動**：在孩子攻擊行為被觸發的時候，孩子在做什麼？玩什麼？

⇒ **其他的孩子**：周圍有多少孩子？這些孩子是同年齡、或者更小、還是更大？

⇒ **正在表達的情緒**：在事情發生之前，孩子的表情如何？嬉鬧？沮喪？困惑？

⇒ **環境**：看看攻擊行為發生的環境。它是否熱鬧擁擠？是否色彩斑斕或其他方面過於刺激？是否有很多雜物？房間的周圍是否有很

多兒童美術作品，導致過多感官輸入（sensory input）？或者它非常和平和寧靜？

⇒ **大人**：我們如何回應？我們是否對於可能發生攻擊情況而感到過度焦慮？

如何防止攻擊行為發生？

透過觀察，我們或許能統整出孩子的行為模式，並藉此提供相應的支援，讓孩子渡過難關。例如：

⇒ **肚子餓**：請在用餐前給孩子吃一些比較堅硬的零食，以免他們肚子太餓；同時，這也助於放鬆他們的神經系統。

⇒ **長牙**：提供各種（尤其是帶有涼感的）固齒磨牙玩具，可舒緩不適。

⇒ **允許探索**：允許孩子用嘴巴探索玩具。

⇒ **過度刺激的環境**：減少刺激，讓環境更平靜。

⇒ **太多的噪音**：當我們注意到噪音太多時，請設法把它們移除。

⇒ **轉變太快速**：孩子是否有事先了解一天的日程安排？行程之間的轉換，對孩子來說是否太困難？是否有足夠的時間讓他們完成自己正在做的事情？是否有提供孩子足夠自由且富創造力的遊戲玩？

⇒ **保護孩子的活動**：示範孩子可以使用的語詞。例如，他們可以把手放在臀部，說：「我現在正在使用這個。很快就可以給你使用了。」

⇒ **對個人的空間很敏感**：幫助孩子避免被逼到角落或沒有足夠的個人空間。

⇒ **誤解的遊戲**：有些孩子會誤解一些遊戲，從而用咬你玩耍來表達愛意，例如有些家長可能會把嘴巴放在他們的肚子上吹氣、逗他們笑。這時請向他們示範其他表達愛意的方式，例如擁抱或互相玩打鬧遊戲等。

⇒ **學習社會互動**：如果孩子推了另一個孩子，可能是想表達：「我們可以一起玩嗎？」這時，請引導他們用說的。

⇒ **孩子的聽力和視力有問題**：任何一種問題都會讓孩子感到迷失方向，如果他們的聽力和視力有問題，他們就可能會有攻擊行為。

⇒ **舒緩孩子的神經系統**：請參閱本章〈戒除安撫奶嘴〉了解舒緩孩子神經系統的方法，例如：給孩子一個熊抱，讓他完全置身在父母的懷中，讓他們的身體受到有力的觸壓，能幫助他們心境平靜、 定情緒。

另外，孩子對大人的情緒反應非常敏感，因此當我們和其他孩子在一起時，請保持自信，不要表現出擔心的樣子，孩子可能會感覺到我們的焦慮，進而增加他們的不適感。總之，每天都要用全新的眼光來看待我們的孩子。請相信無論好事或壞事，都不會是永久的。

如果孩子攻擊別人

家長必須謹記一件事情，就是：我們允許孩子可以有任何情緒，因為他們有許多感受想要表達，但是他們「不可以」打人、咬人或推別人。因此，當孩子發生攻擊行為時，首先讓孩子明白爸媽理解他現在的感受，並立刻把孩子帶離現場。一旦他們冷靜下來之後，就要協助孩子抱歉或補償，例如：確認被他打的孩子是否沒事、如果對方哭了就請孩子拿衛生紙

給他，以及示範給孩子看和對方道歉的方法。

例如：「你看起來很生氣。但我不能讓你咬我。我要把你放下來了。」另外，家長要確認孩子在冷靜之後是安全的。接著，可以讓孩子看看我們是否沒事：「我們一起來看看我有沒有受傷，好嗎？你看看這裡，這裡有一點紅。」很多時候，如果我們有足夠的時間讓孩子完全冷靜下來，他們往往會想幫我們揉一揉傷口或者給我們一個吻。

「你不喜歡他們碰你的頭髮嗎？但我不能讓你打他們。讓我們到旁邊，到安靜的地方冷靜一下。」然後，給孩子足夠的時間冷靜下來，並在他冷靜之後，和他一起去看看被他打的孩子是否沒事，或者示範如何道歉：「我很抱歉，我的孩子打了你。我想他是因為心浮氣躁，但他打你是不對的。你還好嗎？」另外，家長也可以幫我們的孩子解釋，比如：「因為他正在玩的玩具被另外一個孩子拿走了。」

在孩子打人、咬人和推人的階段，家長可能需要極大的耐心，不斷地和孩子溝通，才能降低這樣的攻擊行為產生。然而，父母必須記住，不要把這樣的行為當作是孩子的個人行為，在這個階段父母要成為他們的「冷靜嚮導」，陪伴孩子度過難關。

如果孩子在打人、咬人或推人後笑了

一般來說，孩子在打人、咬人或推人後大笑，是在測試底線；他們正在尋找明確的指導，確定什麼是可以的、什麼是不可以的。這時，父母可以繼續介入，以溫和取明確的態度制止這種行為，而不是告訴他們「不要笑了」。

然而，如果笑聲引起了父母不舒服的感覺，我們可以告訴孩子，他們的笑聲給我們帶來了什麼樣的感覺；以及如果有需要，爸媽請先找一個地

方冷靜下來，然後這樣告訴孩子：「當你打我時，我很不高興。對我來說，感到安全是很重要的。現在我要去泡杯茶，冷靜一下。等我感覺好一點了再回來。」

孩子亂扔東西

同樣地，亂扔東西通常也只是一個過渡階段；他們想藉由扔東西來觸摸和探索周圍的一切。因此，家長可以觀察一下：

➡ 看看扔東西的行為是否有任何固定模式；孩子通常會在什麼情況下，亂扔東西？

➡ 採取預防措施，把孩子會扔的東西從桌子上移走，放在地上或碰不到的地方。在這個時期，我們可能需要移走那些被孩子亂扔、打到人之後會痛的木製玩具。

➡ 多讓孩子在公園或家裡，用柔軟的物品做大量的投擲活動，例如，扔襪子就是個很不錯的選項。

➡ 以「親切、明確、前後一致」的態度，向孩子說明哪些東西是他們可以扔的，比如「我不能讓你在家裡扔這個東西，不過你可以扔這些小沙包。」

培養專注力

「最重要的是，給孩子的『任務』要能引起孩子的興趣，使他們整個人都全神貫注地參與進去。」

——瑪麗亞‧蒙特梭利博士，《吸收性心智》

所謂的「專注」不只是投入某件事情而已，而是指所有的感官是否都參與其中。想培養孩子的專注力，首先，我們要好好觀察他們，看看他們對什麼感興趣以及正在學習精通哪些東西。接著，給予孩子充足的時間、發展性和準備好的環境，讓他們重複該活動，從而訓練加深他們的專注能力。

培養專注力的五大技巧

🍃 盡量避免打斷孩子

有時，家長對孩子正在做的事情會提供過多的「指導」，例如告訴他們如何拼圖、留意拼圖的顏色等。各位爸爸媽媽，請相信孩子，當他們在做某件事情時，最好保持沉默。當孩子需要我們的時候，再做出回應。

事實上，生活中有許多其他時刻是爸媽和孩子可以無所不談，並提供豐富的語言學習機會，例如，親子一起外出探索世界、準備餐點、用餐，以及洗澡等身體放鬆的時刻。因此，請不要在孩子專注於某件事情時，說話打擾他們。

🍃 留意孩子一再重複做什麼

孩子是否重複打開和關閉抽屜？從籃子裡拿東西出來？分類衣服？撿拾小物品？收集石頭？清潔地板？準備食物？這些孩子一直重複做的事情，實際上就是向家長表達他們對什麼感興趣。

因此，請家長允許孩子重複做這些事情，甚至在孩子做完之後，問問孩子是否要再做一次，並且慢慢地提供相似但難度較高的事情，讓孩子重複進行，從而培養專注力和相關技能。

🍃 少即是多

不要一次讓孩子有太多的活動可以選擇，太容易或太困難的物品都可以先放進儲存箱裡，或者是每隔一段時間輪流擺到教具櫃上。如此一來，家長會發現當可用的活動物品較少時，孩子更容易集中專注力，同時，還能清楚地了解哪些活動物品孩子不想再使用、哪些活動物品可以被淘汰了。此外，這樣做還有一個好處，就是可以把孩子不想玩的物品收起來，提供他們其他選擇。

🍃 恰到好處的協助

當家長觀察到孩子有困難時，可以試著先等一下，看看他們是否能自己處理問題。一旦發現他們似乎要放棄的時候，爸媽就可以介入，但只先提供一點點幫助，再往後退一步，看看他們的進展如何。這種作法能幫助他們在活動中進展的更快，並讓他們能繼續集中精力，專心做事。比如，我們可以幫助他們轉動一下鑰匙，然後退後一步，看他們是否能打開盒子。

🍃 準備一個孩子專屬的活動區域

「地墊」或「小桌子」能幫助孩子專注於他們所選擇的活動上。當他們選擇一項活動之後，家長可以用片刻的時間，快速幫助他們把活動物品帶到墊子或桌子上。

然而，如果他們已經在教具櫃前，開始專注於活動時，我就不會去打斷他們的專注力。因為大人的干擾可能會徹底影響他們的專注力，從而導致他們停止活動。

學習面對挫折感

當孩子遇到挫折時，家長想插手幫忙是很正常的事。蒙特梭利博士曾經有一串念珠，當她發現孩子面對挫折時，她會耐心地數著念珠，好讓自己不要太快插手。

「面對掙扎」這件事情，對孩子來說十分重要。事實上，孩子樂於做一些具有挑戰性但又不會過於困難，會讓他們想要輕言放棄的活動。因此，家長可以等他們快要放棄的時候——誠如前述，先提供「恰到好處的幫忙」，再退一步放手讓孩子繼續挑戰。

那麼具體來說，爸媽可以怎麼做呢？例如：

➡ 示範給孩子看：「你想讓我做給你看嗎？」「你想得到一點幫助嗎？」然後我們可以慢慢地示範給他們看（動手做，不要用說的；示範的過程，也請盡量不要說話），比如：如何將一塊拼圖轉個方向，直到它是正確的那一片。

➡ 口頭提示：「你有試過旋轉它嗎？」

有時，他們會拒絕所有幫助，而挫折感會轉變成憤怒。即便如此，我們要接受他們的表達，因為他們會再找時間，再次嘗試。當爸媽以這樣的方式支持孩子時，我們也能認知到，面對挫折感是成長中過程必須學習的一部分，自然也就不會急著想「替」孩子解決挫折了。

當孩子很黏人的時候

有些孩子不願意自己玩；他們不讓爸媽離開房間，甚至不讓我們去上廁所。有的時候，家長想要的空間越大，孩子就越黏人。而孩子黏人的原因可能有很多，例如：

⇒ 孩子的性格，有些孩子喜歡爸媽的安全陪伴。

⇒ 旅行、作息時間的改變；生病、工作環境的改變，新生兒照顧等，這些重大變化會讓孩子特別敏感。

⇒ 爸媽的注意力沒有在孩子身上而在其他的地方，比如，我們正在做晚餐或處理電子郵件。

⇒ 孩子無法獨立處理，因為他們缺乏技能或無法獲得他們需要的東西，或者他們依賴爸媽幫他們做事。

孩子需要被指導是正常的，他們不可能獨自一個人玩好幾個小時。雖然全家享受在一起的時光十分很重要，但如果孩子一直黏在爸媽的腿上，或者想一直被抱著，這時，我們可以嘗試幫助他們能夠獨自一個人玩更長的時間。

⇒ 首先，爸媽可以和孩子一起玩，但少玩一點、多看一點，讓孩子主導遊戲。隨著時間的推移，我們可以在看他們的時候，坐的更遠一點。

⇒ 先全神貫注地關注他們，接著離開片刻，告訴他們我們要去廚房燒開水、把衣服放進洗衣機，或諸如此類的事情，然後馬上回來。接著，出去泡杯茶或做另一件小事，然後也馬上回來。如此進行幾次，便能讓孩子習慣我們的「離開」和「回來」。

⇒ 當孩子想和爸媽待在一起時，請不要覺得煩躁，而是要讓他們覺得「有點無聊」。比如，我們可以在生日聚會上與其他家長聊天，而他們則和我們站在一起。如果他們覺得自己準備好了．覺得待在我們身邊有點無聊，自然就會去加入其他孩子的活動。

和孩子一起做家事

嘗試將孩子納入日常生活工作中，久而久之，爸媽會發現隨著年齡的增長，他們會開始更獨立地玩耍。但與此同時，我們又可以享受他們想和我們一起度過的時光：

⇒ 使用學習塔之類的家具，讓孩子可以在廚房裡幫忙。

⇒ 讓孩子按洗衣機上的按鈕。

⇒ 在我們洗衣服的時候，讓孩子幫我們把襪子湊成一對。

⇒ 有時，孩子可能會說「媽咪做吧」；這時，請給他們一點幫助，然後退後一步，看看他們是否能自己處理事情。不要一開始就放手讓孩子自己做，先和他們一起做，這樣他們才會有安全感。

了解孩子的想法

⇒ 從孩子的角度看問題，承認他們的感受，而不是說：「別擔心，會好起來的。」另外，當我們試圖了解孩子的情緒，比如「你是否感到害怕？」並不意味著我們必須解決這個問題，只是讓他們知道我們同理他們。

⇒ 填滿孩子的「情感桶」（emotional bucket，更多相關內容請參閱第八章）。以長時間的擁抱和閱讀書籍展開一天的活動，便能在一天的忙碌前填滿孩子的情緒桶。當他們開始發牢騷時，與其尋

找更多的空間，不如父母給他們一個大大的擁抱，幫助他們重新平衡情緒。

➡️ 孩子「愛的語言」可能是觸摸或一起度過的時間；他們會樂於和父母做大量的肢體接觸，來感受愛（可參閱美國作家蓋瑞·查普曼〔Gary Chapman〕的《愛之語》〔*The 5 Love Languages*〕，了解這方面更多的內容）。

➡️ 性格內向的孩子可能會發現團體活動讓他們不知所措。因此他們剛開始需要和父母待在一起，或者我們也可以先縮短孩子參與團體活動的時間，來安定他們的心。

讓孩子感到安全

➡️ 如果父母要去一個新的地方，在孩子到達時先帶他們做一個小小導覽，讓他們熟悉環境。

➡️ 始終先告訴孩子我們要去哪裡，而不是偷偷溜出去。雖然一開始就和孩子說：「我只是去上廁所，兩分鐘後我就回來。」他們還是有可能會哭，但隨著時間的累積，他們會開始相信我們說話算話，馬上就會回來了。

➡️ 參加聚會或團體活動時，提前一點到場可能會有所幫助。對一些孩子來說，走進一個充滿吵鬧聲的房間可能會令他們膽怯。

我喜歡把孩子的遊歷想像成花瓣，以父母為中心。孩子首先會進行小規模的旅行，爬到房間的另一邊再回來；隨著他們獨立能力的增強，會走的更遠，然後回來；於是有一天，他們可以自己騎自行車去上高中，然後在一天結束時回來，回到爸爸或媽媽身邊。

如果孩子很黏人，我們就幫助他們感受到足夠的安全感之後，再去探索，也許就只是放手一點點，就讓他們回到我們身邊。久而久之，孩子就會探索的更久、走的更遠，然後他們很快又會回到爸媽身邊。儘管我的孩子現在已經十幾歲了，但在他們再次出發去進一步探索之前，我仍然是他們一個重要的基點。

可以讓孩子使用 3C 產品嗎？

在蒙特梭利教學法中，我們希望為孩子提供許多動手做的機會和第一手的經驗。為此，電視、電影、電腦、手機 3C 產品的螢幕，並不能提供如此豐富的感官學習。

在「無螢幕育兒」（Screen-Free Parenting）網站裡提供了許多關於螢幕的有用研究，包括：

➡ 孩子不能從螢幕上學習語言。據研究，他們從和另一個人的互動中學習語言，效果最好。

➡ 3C 產品的螢幕會對孩子的睡眠和專注力產生負面的影響。

➡ 使用 3C 產品會有健康疑慮，建議家長把那些孩子使用 3C 產品的時間，用來進行室內或戶外活動。

應該怎麼做？

為了消除誘惑，建議把 3C 產品放在孩子看不見、摸不著的地方。有一點很重要，就是當孩子在我們身邊時，也請家長提高意識，自己是否正在使用 3C 產品。

如果孩子在咖啡廳裡感到無聊，可以帶他們出去走走、看看廚房工作人員的工作情況，或者帶一些書來閱讀、一起做活動。

個人經驗分享

我的孩子在小時候很少接觸 3C 產品和電子玩具。電視不是我們的生活背景音，我們在咖啡廳時，也會帶上書本來閱讀。很偶爾，他們才會自己精心挑選一些電視或短片觀看。

在我孩子的蒙特梭利學校，一旦孩子滿六歲，每三十個孩子就會有兩臺電腦；如果他們想研究什麼，可事先預訂使用時間。在我們家，大約也在差不多的歲數，允許孩子有限度地使用 3C 產品。我們會仔細挑選孩子觀賞的節目或使用的遊戲，並無時無刻都在監督。不過讓孩子適度地使用 3C 產品，也能讓他們知道同學們在學校談論的流行話題。

對於那些擔心自己的孩子落後的人來說，我發現即便限制我的孩子使用 3C 產品的時間，但是他們使用電腦的能力還是很不錯的，比如，他們可以建立網站、撰寫報告，並透過基礎編碼程式編寫一些簡單的遊戲。

 若想知道更多關於限制 3C 產品的「原因」和「方法」，我推薦蘇・帕爾默（Sue Palmer）的著作《有毒的童年》（*Toxic Childhood*，暫譯）。這本書對於如何和孩子討論使用 3C 產品的時間和其他面向上，有非常實用的指南和建議。

雙語教學好嗎？

由於幼兒具有「吸收性心智」，正處於「語言的敏感期」，因此這是一個讓他們接觸一種以上語言的絕佳時機。學習外語，對於成人來說需要付出一些努力，但在這個時期的孩子，能不費吹灰之力接受更多的語言，因此，我建議家長可以不斷提供語言資源給他們。

如果家裡有一種以上的語言，我們可以採用「一人一語言」（One Person, One Language，簡稱 OPOL）的方法。父母雙方在與孩子說話時都選擇自己的母語，而在家庭相聚時，則使用一種商議好的「家庭語言」。例如：住我對面的家庭有一個孩子，其中一方和孩子說義大利語，另一方和孩子說德語，而父母之間則說英語。孩子還去了一間雙語托兒所，在那裡他們接觸到了荷蘭語和英語。如此一來，孩子學會了和父母一方用義大利語，和另一方用德語來要蘋果；如果她在街上看到我，我們會用英語交談（她現在在荷蘭學校用荷蘭語學習，在家裡繼續說義大利語和德語，英語說的比較少，但理解力相對較高）。

另外，我們還可以使用一種叫做「語言運用領域」（Domains of Use）的方法，也就是在約定的時間或地點使用某些語言。比如說，一家人在週末選擇說英語；在外面，選擇說當地語言；在家裡，則以父母的母語交談。

看看孩子每種語言的識字目標，如果目標是讓他們最終能用某種語言學習，那麼他們每週需要花大約 30% 的時間接觸這種語言。計算一下他們清醒的時間，看看是否有必要增加他們在任何語言方面的接觸。比如說，讓一個青少年用此語言和孩子一起閱讀和玩耍、請一個會說此語言的保母，或者讓他們參加使用此語言的遊戲團體等，我們有各式各樣的創意

方法，能讓孩子自然而然地習得多種語言。

不過，有些家長擔心，如果孩子被培養成雙語，會不會有語言發展延遲的問題。事實上，當他們擁有一種以上的語言時，據學術研究顯示，他們不該有任何學習延遲的問題。簡單比較一下，一個一歲半的單語兒童掌握十個單詞，而雙語兒童掌握一種語言的五個單詞和另一種語言的五個單詞，所以會顯得他們的語言水準較低，但實際上，這兩位孩子都能說十個單詞，只是語言不同而已。

不過，該研究也不支持家長為了鼓勵孩子學習當地語言而放棄自己的母語。事實上，母語必須先說的好，才有辦法學習其他外語。因此，如果想培養孩子具備雙語能力，只要增加他們接觸當地外語的機會，確保他們有足夠的語言輸入即可，與此同時，母語的習得也很重要。

我推薦科林·貝克（Colin Baker）的著作《雙語教學家長和教師指南》（*A Parents' and Teachers' Guide to Bilingualism*，暫譯），提供任何對雙語教學或學習一種以上語言有疑問的人參考。

總之，當父母在家中以這些方式應用蒙特梭利原則時，就是正在學習成為孩子的嚮導。在需要的時候，父母會溫和且明確地協助他們建立所需要的鷹架技能，同時每天與孩子溝通交流，強化親子之間的情感聯繫。

1. 父母如何在日常起居與照顧中，強化與孩子的溝通機會？
2. 父母如何協助孩子的飲食／睡眠／上廁所？能放下這方面的焦慮嗎？
3. 父母能在孩子與手足的衝突之中，保持中立嗎？
4. 父母該如何和孩子一起培養技能？
   · 我們和孩子可以彼此分享嗎？
   · 孩子如何中斷大人的話？
   · 如果孩子是內向型的孩子呢？
   · 如果孩子打人／咬人／推人／扔東西，該怎麼辦？
   · 如何培養孩子的專注力？
   · 如何處理孩子的挫折感？
   · 當孩子黏人的時候，該怎麼辦？

第 8 章

父母也在「學習」

大人的準備

　　蒙特梭利博士十分清楚，在育兒期間，父母也需要對自己該做的事做好事先準備，她稱之為「大人的準備」（Preparation of the Adult）。比如：父母如何才能成為孩子的最佳榜樣？當父母在家中面對一個難以捉摸的孩子，該如何保持冷靜？面對突如其來的棘手狀況，父母的反應會帶來什麼問題？以及那些未解決問題會在這個過程中顯現出來？

　　我們的目標不是要成為完美的父母。當我試圖成為（或表現出）是一個完美父母時，我的壓力很大、和我的家人脫節，忙於擔心一切。與此相對，當我們從今天開始，將目標改為和家人一起享受樂趣，就會輕鬆許多。也許，這樣的想法改變可以幫助我們保持平常心，單純從「支持」和「引導」孩子的角度來學習成為父母。

　　我們都知道，我們無法改變伴侶，只能改變我們對他們的態度；面對孩子亦是如此。誰會知道育兒的過程會近似一場心靈之旅？至於這會是一個什麼樣的旅程呢？有時候，我也希望自己在成為父母之前，就知道這一切，然而，知之為知之，不知為不知。因此，我們不如把育兒過程當成是親子共同成長、學習的過程：孩子會看到爸媽不斷嘗試，也不斷地犯錯，

然後在錯誤中學習，再努力嘗試，讓一切變得更好。

我所學到的東西不一定適用於每個家庭，我也不想指導別人該如何生活。我只是想分享我同時身為家長和蒙特梭利教師的一些做法，包括在我做錯時如何道歉，以及「重來一遍」。

做好健康管理

當爸媽身體、心理和靈魂維持健康的時候，肯定可以將育兒做的非常好。因此，為了照顧好家庭和孩子，各位家長必須先好好照顧自己。

我們需要吃營養的食物、做一些運動，例如，在自家附近騎自行車或在公園裡追著孩子跑；每天總有一些時間可以到外面活動一下。另外，或許在晚上沒有人打擾我們的時候，洗個熱水澡，好好放鬆。我們總能在每天找到一些新方法，來為育兒生活增添樂趣或平靜。或許這樣做會讓有些爸媽感到內疚，覺得在生活中把自己擺在第一位，似乎不太對？如果你有這種想法，請先接受自己會有這樣的情緒，接著轉換心態，重新定義這是在向我們的孩子示範如何好好照顧自己；畢竟，每一個人都需要學會如何好好照顧自己。

如果在育兒過程中感到極度疲憊或精疲力竭，爸媽是可以向外求援的；總是將身體逼到極限，並非一個長久之計。向外求援可以是：保母、祖父母、願意暫時接手照顧孩子的朋友、伴侶等。孩子會知道在生活中，還有其他特殊的人陪伴他們，而父母信任這些人，因此當孩子和他們在一起時，孩子也會感到很安全，所以這會是一個雙贏的結果。

最後，假設爸爸媽媽感到憂鬱、沮喪，請務必尋求專業醫生的協助，

哪怕只是去了解有什麼方法能改善這樣的情緒都好。我還記得，當我兩個孩子還不到兩歲時，因為擔心自己可能罹患了憂鬱症，我有去看醫生。在我忙於照顧別人的時候，有一個人可以跟找說說話並關心我，這對我非常有幫助。即便是沒有罹患憂鬱症但卻始終擔心患病的人，醫生也會幫助你找出方法來排解這個問題。

培養不斷學習的心態

蒙特梭利教師不會在未經培訓的情況下，從事任何有償的工作；以及蒙特梭利學校會期望教師能持續精進他們的專業能力。同理，身為家長的我們也可以不斷學習，例如，閱讀這本書的各位讀者，在某種程度上便已經在培養一種學習心態來栽培你的孩子了。除此之外，我們還可以：

⇒ 進一步了解孩子的獨特發展。

⇒ 研究孩子的獨特之處，並且學習可以支持孩子獨特之處的方法。

⇒ 參加培訓課程，例如：正向教養培訓或非暴力溝通的課程。

⇒ 尋找各式相關書籍和資源（可參考本書〈延伸閱讀〉）；也可以嘗試聽 Podcast 和有聲書。

⇒ 閱讀和學習與育兒無關的東西；即便有了孩子，我們仍需要持續豐富自身生活。

⇒ 學習跟隨直覺；在育兒過程中，我們的大腦思考能力很強，所以請適時關掉它，聽從直覺（即內心平靜的聲音），而這也是另一個值得我們練習的技能。

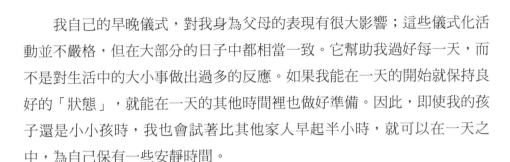

正確的「開始」和「結束」一天

我自己的早晚儀式，對我身為父母的表現有很大影響；這些儀式化活動並不嚴格，但在大部分的日子中都相當一致。它幫助我過好每一天，而不是對生活中的大小事做出過多的反應。如果我能在一天的開始就保持良好的「狀態」，就能在一天的其他時間裡也做好準備。因此，即使我的孩子還是小小孩時，我也會試著比其他家人早起半小時，就可以在一天之中，為自己保有一些安靜時間。

如果爸媽無法比其他家人早一點起床，那麼就思考一下該如何創造一個包括孩子在內，爸爸媽媽自己也會喜歡的早晨儀式化活動。或許是早晨起床的抱抱、閱讀書籍、一起吃早餐、放一些輕快的音樂，或者爸媽也可以自己泡杯咖啡或茶來喝，表示準備好迎接這一天了。

當我比其他家人早起時，我會以下列方式利用這段時間：

➡ 躺在床上冥想（相信我，這件事情不可能做的不好）。有些時候，我會注意到我的思想超級活躍，而有些時候，我會設法將注意力長時間集中在我的呼吸上。冥想練習十分有幫助，讓我對於日常的各種大小事過度反應；以及當陷入某些混亂時，可以回到早上找到的那一點點平靜，快速恢復情緒。

➡ 花五分鐘來寫一些東西：

- 我所感激和欣賞的事物。

- 幾件能讓這一天變美好的事情；是我可以實際掌握的事情，可以簡單到只是喝杯咖啡或坐在外面陽臺等。

- 這一天打算如何度過？例如，選擇輕鬆的方式、傾聽別人或

專注於愛和親子溝通等。

➡ 做完以上兩件事情之後，我就會把握時間，在聽到孩子可愛的腳步聲之前換好衣服。

至於在一天結束的時候，我會洗個澡、讀一本書，並寫下今天發生的三件了不起的事情和第二天的打算做的事情。

很多家長可能認為自己沒有時間，能做到上述的事項，但如果把想做的事情列為優先事項，就有可能做得到！我在閱讀新聞或瀏覽社交媒體之前就這樣做，而這對我如何成為最好的自己有很大的幫助。另外，也可以留出一些時間來思考什麼樣的早晚儀式化活動對自己最有幫助；就像照顧家人一樣，我們也可以用相同的方式照顧自己，使我們的身心靈更健康。

練習「活在當下」

當我們試圖成為所有人（比如職場同事、伴侶、孩子等）的一切、追求凡事面面俱到的時候，就很難「活在當下」。以下是一些能讓我們活在當下的方法：

➡ **專心，一次完成一項任務就好**：我知道，如果我正在廚房準備，就很難把孩子對我說的今日趣事真正聽進去。所以，我會和孩子說：「請先等我處理好廚房的事情，一處理好，我就馬上去找你，聽你說今天發生的趣事。」或者，先把手邊的工作停下來，先仔細聽完孩子說的話，再去完成我要做的事情。

➡ **使用筆記本**：我總是有幾本筆記本，用來記下我在和孩子玩桌遊

或上課時想到的事情；寫下來是為了之後再看，稍後再「處理」這些突然想到的東西，先專心做好現在的事情，或讓我的思緒自由遊蕩片刻。

➡ **有意識地使用手機**：手機很方便，我也很喜歡使用手機，所以鮮少把手機關掉。為此，我經常把手機藏在臥室裡，就不會在經過或手機發出提示聲時，拿起手機查看。畢竟我只要為了某件事情拿起手機，就會不可避免地開始查看其他應用程式。

➡ **讓心靈平靜下來**：在現代生活中，不只要關心科技，也要關心我們的心靈。要參與所有的事情真的很困難，如果我們不斷地回顧過去、計畫未來，只會讓自己陷入瘋狂。

現在，此處，在這個當下，沒有什麼好擔心的。拿著這本書，只是吸氣，然後呼氣。在這個短暫片刻，沒有什麼可想的。活在當下、始終如一，我喜歡我的心靈像這樣保持平靜，不必想太多。

想像一下，如果爸媽能在這個和平空間裡花更多時間；透過練習，我相信每位家長都可以做到這一點。越是練習為這些時刻留出空間，就越容易放慢生活步調、觀察孩子、從他們的角度看問題。同時，當我們花越多時間探尋自身內心的平靜空間時，就越容易在孩子發生困難、需要我們成為他們的冷靜嚮導時，快速回到那個平靜空間，

猜猜看，誰最能幫助我們練習「活在當下」？就是我們的孩子。還記得孩子在聽到飛機的聲音時，是如何興奮地尖叫？他們如何在最意想不到的地方，找到可以採摘的花朵？如何在公園的草地上扭動腳趾頭？所以，爸爸媽媽們，請跟隨孩子的腳步，學習「活在當下」。

凡事仔細觀察

如同我們在第五章所討論的,「觀察」是蒙特梭利教師經常使用的工具,同時,我們也介紹了如何在家裡實踐這樣的觀察,好讓我們放下判斷、偏見和其他分析。

我在這裡再次把觀察包括在內,因為它可以幫助我們:

➡ 消除我們對情況的判斷,使我們不再被孩子的行為惱怒,並使我們做出「回應」（respond）而不是「反應」（react）。例如,與其說「孩子總是把碗掉在地上」,不如說「碗掉在地上了」。

➡ 真正用全新的眼光,客觀地看待孩子。

➡ 更加專注,注意到孩子和周圍世界的更多細節。

➡ 當我們從孩子的角度看問題時,便能與孩子建立溝通與聯繫,從而對他們有更多的了解。

如果爸媽感到焦慮緊張,深怕漏觀察什麼,可以準備筆記本寫下每一次的觀察;如果覺得寫下來會手忙腳亂,也可以用眼睛觀察就好。總之,最重要的是「客觀觀察,不要評斷」,好好地享受觀察孩子的那個時刻。

填滿我們和孩子的情感桶

無論大人、小孩都有一個「情感桶」;當我們感到安全、有保障、被愛和被接受時,那這個情感桶裡面的水就會是滿滿的。這個水桶需要不斷地被填充,一旦我們忽視了它,我們就容易反應過度。

每個人都有責任填滿自己的情感桶，找到照顧自己的方法，同時確保自己能獲得需要的協助和支持。在育兒過程中，我們的伴侶不是唯一能提供幫助的人，只要花一點心思，就可以想出很多辦法來填滿自己的情感桶。例如：

➡ 泡杯茶或咖啡

➡ 播放音樂

➡ 用 Skype 打給爸媽聊聊天

➡ 出去外面走走

➡ 邀請朋友一起吃頓飯

➡ 烘焙一些餅乾或麵包

➡ 安排一個晚上和自己、伴侶或朋友出去聚一聚

➡ 請朋友幫忙照顧孩子，當一日保母

當爸媽的情感桶是滿足的狀態時，想要填滿孩子的情感桶就更容易了。而填滿孩子情感桶的最簡單方法是就是溝通，讓他們感受到我們在第五章中討論的歸屬感、自我價值和被接受。家長可以花一些時間和他們一起看書、穿著睡衣依偎在一起大笑。這可以填滿孩子和我們自己的情感桶，從而幫助他們在一天中更容易接受和減少各種立即反應。

放慢生活步調

「放慢速度」是一個好用的工具，可以讓爸爸媽媽與我們的小小孩、大小孩以及其他家庭成員，生活的更輕鬆自在。

我們總是匆忙地過日子，經常擔心是否會錯過了什麼。然而，我發現放慢生活步調、好好利用五感去感受時，我每天所得到的更多：在暴風雨前聞到空氣中的雨水味，當我騎車穿過城市時感受到微風輕拂臉頰、好好享受所品嚐的每一口食物，而不是狼吞虎嚥的吃下去等。

當我們放慢生活步調時，將能更清楚地明白哪些事情對自己而言是真正重要的、什麼事情是必須等待的，又或是什麼是其實根本就不會發生的事。

具體來說，所謂的「放慢生活步調」是什麼樣子呢？對我而言：

➡ 下課回家後坐下來喝杯茶，而不立刻開始處理無數的待辦事項。

➡ 播放音樂，讓此時此刻的感受更加豐富。

➡ 自己烹煮健康的食物，並享受料理的過程；也別忘了在享受的過程中，細細品嚐各種滋味。

➡ 不要把太多的事情記在行事曆上，這樣我就不用做完一件事情之後，馬上又要趕著做下一件事情。

➡ 經常說「不」，這樣我才能有更多時間和家人朋友相處，甚至有時候也可以跟沙發「好」，讓自己賴在沙發上。

➡ 對我的工作有所選擇，只選擇我喜歡、對我來說最有意義和影響的工作。

➡ 每天晚上閱讀。

➡ 週末找一個從未去過的地方或大自然走走，補充能量；與其走馬看花的去了一大堆地方，不如挑一個能令自己印象最深刻的單一地點，越簡單越好。

事實上，孩子會感激爸媽以較慢的步調生活，因為這能讓他們更容易吸收周圍的一切。例如：

➡ 穿衣服時，先讓孩子自己嘗試；然後在他們需要幫助的時候，以緩慢、準確的動作介入。

➡ 當家長要向孩子示範如何提籃子或拿托盤時，請放慢速度，並用兩隻手，幫助孩子自己嘗試的時候成功做到。

➡ 用兩隻手緩慢地移動椅子。

➡ 親子一起唱歌時，慢慢唱、慢慢做動作，如此一來，或許孩子就有時間能處理，跟上我們的腳步，加入我們，一起唱歌跳舞。

➡ 當家長要求孩子做某件事時，比如「坐下來吃飯」；在重複說出要求時，請先在腦中數到十，讓孩子有時間來處理。

➡ 當家長想要鼓勵孩子去探索，培養好奇心的時候，也要慢慢來（可參閱第五章）；按照孩子的節奏走，不要催促，留給他們更多時間去玩耍探尋。

關於放慢生活步調的更多介紹，我推薦卡爾·奧諾雷的著作《慢活》。這本書一點也不科學，只是作者試著想從所謂的「慢活哲學」中發現其他的可能。暴雷警告，我最喜歡這本書的最後一章，它的總結是：在生活中，大部分的時間慢慢來是好的，如此一來，當我們「真的必須」趕時間的時候，孩子才會願意配合我們「趕時間」。

最後，除非孩子處於緊迫的危險之中，否則原則上在任何情況下，家長通常都有足夠的時間在腦中「數到三」，再做出反應。當你忍不住想要衝過去幫助孩子之前，假裝自己是蒙特梭利博士在數念珠，別著急，慢慢來。如此，**將有助爸爸媽媽做出「回應」，而不是做出「反應」。**

成為孩子的嚮導

在我兒子一歲的時候，我讀了《怎麼說，孩子會聽 vs. 如何聽，孩子願意說》這本書；在本書中不斷提到這本書，這充分說明了它對我的影響有多大，而且如今仍持續影響著我。

對我來說，當中最大的收穫，就是認識到父母所扮演的角色，不是急於為孩子解決每一個問題。與此相對，父母所扮演的角色，是孩子的支持者、傳聲筒，或是在他們受挫的時候，能讓他們釋放挫折感的安全場所。

這是一個重大的觀念轉變，也是使我肩膀上的重擔少了一些。換言之，爸媽是孩子的嚮導，播下種籽，使他們成長；同時也是他們的後盾，但只有在必要時提供協助——且盡可能少一點。

名為「爸媽」的嚮導，可以：
➡ 為孩子提供空間，讓他們自行解決問題
➡ 在孩子需要的時候，提供協助
➡ 保持尊重、親切、明確的態度
➡ 在孩子需要時，協助他們學習承擔責任
➡ 提供孩子一個安全、豐富的探索環境
➡ 傾聽孩子想說什麼
➡ 做出「回應」而不是「反應」

爸爸媽媽不需要成為一個老闆，對孩子下命令、指揮他們，或教他們一切需要學習的東西。另外，爸媽也不需要成為孩子的僕人，替他們做一切事情。家長只要成為孩子的嚮導，就可以了。

做我的嚮導
我不需要
僕人
或老闆

佈置好居家環境，減輕育兒負擔

　　就像蒙特梭利教師把教室環境作為第二位教師一樣（請參閱第二章），家長也可以把家裡佈置好，讓「環境」來幫助我們。我們已經在第四章仔細介紹討論了該如何做到這一點，但在此我想回頭把其中一些概念再次說明一下，當中有哪些方法是可以同時幫助到孩子，也幫助到家長的。

　　當爸爸媽媽感到疲憊時，可以利用一些佈置擺設，讓「居家環境」為我們分憂解勞，例如：

➡ 如果發現孩子太依賴爸媽，那麼家長可以想辦法讓自己的日常生活節奏更獨立些，不用時刻和孩子綁在一起。

➡ 每當爸媽替孩子做一些他們自己可以做的事情時，可以每次都做一點小改變，久而久之，孩子就能全部自行完成，從而減輕家長的負擔。比如說，在他的碗內多放一支湯匙，吃早餐時他們就可以自己盛麥片；如果他們在抽衛生紙時，會把整盒衛生紙都翻倒

在地板上，那麼或許可以先放幾張衛生紙在餐盤上，並把衛生紙盒收到他們拿不到的地方。育兒過程中遇到的困難，解決方案很多，不要被我們的想像力給局限了！

➡ 如果爸爸媽媽發現自己經常說「不」，或許可以試著改變環境，使它對於孩子的探索更友善。

➡ 如果爸媽發現總是花很多時間在整理玩具，請試著找出能減少玩具數量的方法。例如，購買玩具時可以想的更周全些、觀察孩子對哪些玩具已經不再感興趣，或者設法培養孩子能自行整理收納玩具的相關技能。

誠實以待

「身教勝過言教」，孩子從父母身上所觀察到的行為，比從父母告訴他們的道理還要多，因此家長需要對孩子樹立誠實的榜樣。在這個階段，就要讓他們知道，在我們家「誠實」是一個重要的價值觀，沒有所謂善意的謊言。

我想表達的是，大部分的人都認為他們是誠實的。然而，小小的善意謊言卻十分常見，例如：

➡ 「告訴他們我在打電話。」（當我們不想和某人說話時。）

➡ 「你的髮型嗎？看起來很棒。」（當我們根本不這麼想的時候。）

➡ 「我身上沒有錢。」（對一個在街上乞討的人說。）

與此相對，我們可以說：

➡ 對一通不想接的電話，我們可以說：「我現在很累。我明天再給你打電話好嗎？或是，發 email 給我？」

➡ 對某人的新髮型，其實並沒有發自內心覺得好看的時候，可以說：「剪完頭髮的你，看起來很開心。」

➡ 對街上乞討的人說：「今天不行，祝你好運。」或「我可以到店裡買點水果給你嗎？」

我明白，要做到百分之百的誠實與仁慈，十分困難，但這仍是需要努力去做的事情，好讓孩子明白誠實的重要性。

對「生活」和「選擇」負責

生活中有許多我們無法改變的困難或挑戰；但當中如果一些令人頭痛的事情，是因為我們的選擇所造成的後果時，我們就必須欣然接受。比如，如果選擇住在有花園的房子裡，它就需要花費大量心力維護；如果選擇住在一個國際大都市，這意味著租金很高；如果想讓孩子接受非傳統的教育，就可能要花很多錢。

我們沒有必要改變這些選擇，事實上，能夠「做出選擇」是很幸運的，因為我們可以擁有選擇權，以及由此產生的責任。

爸爸媽媽也可以向孩子示範，如何為自己的選擇負責；當我們碰到令人沮喪的問題時，可以大聲地發表評論。例如：「火車又誤點了！但我很感激住在一個有大眾運輸工具的城市，但是今天我不是很有耐心。或許下次我可以早點出發。」每個人可以平心靜氣地觀察自己，在有一定距離的

情況下，冷靜下來，調整自己的觀點。

另外，我認為大家可以把所有的「應該」從生活中剔除，只做自己想做的事情。「我『應該』熨這些襯衫。」「我『應該』為孩子們做晚餐。」「我『應該』給她回電話。」「我『應該』更加地關心我的孩子。」這聽起來好像是我在建議不要做飯或關心我們的孩子；實際上，我想說的是，我們做晚飯是因為我們「想」為我們的孩子提供一頓營養豐富的家常晚餐：這是你的選擇；我想說，我們選擇關心我們的孩子，因為我們希望他們在成長過程中感到安全和被接受；這是我們的選擇。

每當我們說「應該」時，可以思考它對自己是否重要；或者，也可以發揮創意來改變這個思考脈絡，究竟是你「應該」這麼做？還是你想，所以「選擇」這麼做？而對於那些無法改變的事情，可以將它們視為發揮創造力的好機會。如果爸爸媽媽是全職工作者，可以在週末、在用餐和洗澡的時候，以及早上送孩子出門時應用這些想法。如果負擔不起提供完美環境的學校，可以嘗試找到一個能補足家庭價值觀的學習場所。萬一真的找不到，可以繼續將本書提到的蒙特梭利原則應用在日常生活中。

我們應該想清楚生活中什麼是重要的，並且好好保護它。當我們對自己的生活和選擇擁有所有權時，那麼當下駕馭名為「生活」這艘船的人，就是你自己，而不只是毫無意義地拉著繩索，對抗隨時來臨的風暴。

從錯誤中學習

當大人犯錯時，很容易責怪別人或其他東西。比如，孩子把爸爸媽媽逼瘋了，所以我們生氣了；是地圖標示不清楚，所以我們迷路了。正如每

個人都要對自己的選擇負責任一樣，我們也需要對自己的錯誤負責任。總會有某些日子，父母會失去耐心，導致我們做錯某些事情了，而這些犯錯，意味著我們的孩子、伴侶，甚至是自己，對我們失望了。

然而，犯錯也意味著有機會道歉，並思考可以用什麼方法取而代之，彌補錯誤。我總是對我的孩子（或任何人）這麼說：「我很抱歉。我不應該……。我本來可以說／做的是……」這為孩子樹立了一個遠比指責別人更有力的榜樣。當孩子看到大人從錯誤中學習，這表示爸爸媽媽一直在努力做出更好的選擇。畢竟，沒有人是完美的，就連父母也不會是。

滿足現況，盡其所能

爸媽可能會因為忙於改進所有事情，而忘記反思現在。就我個人為例，我發現當我在努力學習更多知識、成為孩子更好的榜樣時，忘了承認和接受我現在的角色。大人經常忘記對自己說：「我們已經滿足了，我們盡力而為了。」

我喜歡想像每個人都是滿杯的水，而不是指望別人（我們的伴侶、孩子、工作等）來填補自己的杯子，我們自己早就已經是滿杯的水了。這個想法讓我有一種重大的解脫感；這並不意味著我要停止學習和停止改進，而是我對今天的自己感到滿意，同時，這也意味著我覺得自己可以對生命中的更多人，包括我的孩子做的更多。

我也喜歡把孩子想成是滿杯的水；他們正以自己的小小身體在今天的角色中盡其所能，而父母可以做的就是支持他們，而不對他們感到失望或生氣。

自我覺察

以蒙特梭利教學法育兒的家長需要更多的「自我覺察」（self-awareness）；在我們的蒙特梭利培訓中，這是自我觀察的一部分。

每個人都需要**認知到自己的極限在何時會受到考驗**，並且找到溫和和明確的態度來主張自己的底線。如果任由負面情緒累積，我們就會被激怒了，如此就幾乎不可能提供孩子平靜的介入，並給予明確的指導。

有極限是可以的，而這也是意識到自己和自身所需的一部分。同時，唯有知道自己的極限，才能在孩子和其他家庭成員中取得平衡。（更多關於這個部分的介紹，請參閱第九章）

當父母**發現自己的情緒被觸發**時，可以觀察自己是否在承擔孩子的問題？它是否帶來了自己不喜歡的東西？這時，父母可以退後一步，客觀地看一看，或者寫下來，方便之後在冷靜的時刻弄清楚。另外，也可以給自己多一點同理心，看看自己的哪些需求沒有得到滿足，例如，需要情感聯繫、溝通或被關心，並且集思廣益來滿足這些需求。如此一來，就可以重新成為自信的指導者、嚮導，成為孩子需要的堅實支柱。

持續練習

本書中的所有想法都需要練習。以這種方式和孩子相處，就像學習一種新的語言，需要大量的練習。我自己也還在實踐中，即使我的孩子已經是成年了，而我也已經做了多年的蒙特梭利教師。然而透過持續練習，它確實每天都在變得更加容易和自然。

「兒童的和諧發展和大人在他身邊的自我完善，構成了一幅非常激動人心和吸引人的畫面……。這就是我們今天所需要的財富：協助孩子獨立、走自己的路，接受他的希望和光明的禮物作為回報。」

——瑪麗亞·蒙特梭利博士，《教育與和平》（*Education and Peace*）

想想看

1. 有什麼儀式化活動，讓你能整天保持在穩定狀態？身為父母的你，快樂嗎？父母的自身需求得到滿足了嗎？
2. 是否更懂得活在當下？生活節奏有慢一點嗎？
3. 能否從孩子的老闆或僕人轉變成為他們的嚮導？
4. 能否佈置好居家環境，減輕育兒負擔？
5. 是否因為自己的生活狀況而經常指責別人？能否為自己的選擇負責？或者改變它們？
6. 能否對現在這個生活狀態的自己，好好稱讚一番？

第 9 章

教養神隊友！

育兒時，你並非孤軍奮戰

　　我們並不是單獨一人養育孩子；所謂的「家庭」存在著各種形式：結婚、同居、單親、三代同堂、異性或同性伴侶、離婚、來自不同文化背景的結合等。隨著社會發展的變遷，家庭組成的型態和樣貌，也會越來越多元。

　　無論各位讀者的家庭組成型態是什麼，事實上，我們都是生活在一個「大家庭」中；在這個大家庭中的成員，可能和你沒有血緣關係，他們只是你的朋友、育兒互助團體的朋友、同學，或者住家附近的超商店員等，以上這些人都是當你有需要的時候，可以尋求協助的「家人」。

　　畢竟在育兒過程中，無論是你獨自撫養、與另一半共同撫養，或是擁有整個「大家庭」的支持，仍會出現許多無法獨自解決的問題，例如：

➡ 也許爸爸媽媽已經讀過這本書，並希望其他「家人」也能嘗試書中提到的一些想法，該如何讓他們參與其中？

➡ 你我的家庭價值觀，到底是什麼？

➡ 我們是否能像對待孩子一樣，好好與其他家人溝通，傾聽他們的需求呢？

- 在這種以孩子為主導的育兒方式中，其他成年家人的感受與立場該如何表達？
- 如果孩子比較喜歡爸爸或媽媽中的其中一方，該怎麼辦？
- 祖父母或保母該如何運用蒙特梭利教學法？
- 如果和另一半離婚了，該怎麼辦？它會如何影響孩子？又該如何讓孩子在父母離婚之後，仍保有正向積極的童年經驗？

以上這些都是育兒過程中，值得深思的重要課題。

接下來，我將介紹與蒙特梭利教學法相符的觀念，幫助各位讀者思考這些問題。

父母也是人

父母很容易把生活重心完全放在孩子的身上，從而把自身需求擱在一旁；或者，有時候會因為自己多做了一些事情而感到內疚，覺得自己忽略了孩子。

別忘了，我們都是「人」，是人就會有欲求，希望得到滿足，因此，滿足自身需求是非常理所當然的。當你在育兒階段，跟隨孩子的生活節奏走，並不表示要忽視自己；如果和孩子一起活動時，你想要做些什麼改變或有什麼需求，都應該勇於表達自己的想法，不用處處禮讓孩子。在蒙特梭利教學法中，我們同意孩子擁有很多的自由，但不表示家長必須為了孩子的需求來犧牲自己。比如，我們希望孩子晚上躺在床上休息，好讓家長稍微能獲得一些身心的平靜（可參閱附錄的〈感受和需求表〉）。

除此之外，**別忘了騰出時間經營「伴侶關係」**。如果你是和伴侶共同生活，請不要忽略了對方也是「人」，同樣有情感和需求需要被滿足。事實上，這種伴侶之間的關係維繫非常重要，因為如果沒有它，你找一開始就不會成為父母，然而，我們卻經常忘記把這種關係放在優先位置。

我曾經聽說一個四寶之家的經營例子，非常喜歡。這對父母在下班回家之後，會先坐下來，彼此喝杯紅酒聊天大約十分鐘，而不是馬上急著準備晚餐，進入每晚的「例行公事」時間。在這段喝紅酒聊天的時間裡，當孩子發生什麼困難時，不會中斷聊天去「幫」孩子，而是「緩一下」讓孩子先自己來；如此一來，不僅能讓孩子明白，這段時間是屬於爸爸媽媽的「獨有相處時光」，也是在向孩子示範，用心經營伴侶關係是一件很重要的事情。

因此，請記得即便成為父母之後，我們依舊是需要情感聯繫的戀人。

孩子偏愛爸爸或媽媽時

無論是小小孩或是大小孩，都會經歷比較喜歡父母其中某一方的階段；他們只想讓爸爸或媽媽替他們洗澡、朗讀書本、穿衣服或是蓋被子。如果這樣的情形一直持續，可能會讓另一位家長感到不安和疏遠。對於這個問題，沒有一體適用的解決方法，不過或許各位家長可以思考看看一下兩點：

孩子是在尋求反應嗎？我認為許多孩子偏愛某一位家長的原因，是因為他們正在追求所謂的「明確」以及父母的極限。這時，父母不需要為了

他們的要求做出反應或讓步；如果他們推開其中一位家長，這位家長可以溫和地接受孩子的感受，並說：「你希望別人來幫助你，而我正在幫助你。」記得，請保持冷靜、溫和、自信。

看看家中是否發生什麼變化？如果爸媽其中一方經常旅行，或者家中出現一些變化，例如有了新生兒或搬家，偏愛其中一位家長的行為，可能就是孩子表達感受的方式：當一切都不在他們的掌握之下，這是他們唯一可以嘗試掌握的事情。然而，這並不意味著爸媽需要改變照顧者來滿足他們的要求，不過他們可能需要一些額外的理解和擁抱，以及需要家長從他們的角度來理解這個問題。

能使眾人齊心協力育兒的關鍵

我深信，若想要讓家庭成員齊心協力，其關鍵是意識到每個人都有需求，並以充滿創意的方式，確保每位家庭成員的需求都能得到滿足。的確，這不是一件容易的事，不過它確實有可能達成。或者，至少讓全家人坐下來好好溝通，聽一聽對方的需求和想法。

孩子

與孩子合作的過程中，家長當然要負全責，但孩子絕對可以對如何解決問題提出意見。「我知道你想繼續在外面玩，但我已經準備好要回家了。**我們該怎樣解決這個問題呢？**」甚至學齡前的孩子都能夠做到這點（更多的具體作法，可參閱第六章）。

伴侶

我真心認為，只要多一點彈性和理解，每個人的需求都可以得到滿足。我以一個普通的週末下午為例。比如，現在是去超市的補貨時間，但孩子想去遊樂場、另一半想小睡一會兒，而自己也想和朋友一起喝杯咖啡；該怎麼辦呢？

與其對孩子說「如果你表現好，我們就去公園」來賄賂他們，倒不如貼心地為每個人計畫一些**沒有條件**的解決方案。或許，父母可以不帶孩子去超市，然後趁另一半小睡片刻時帶孩子到公園玩；或者在網路上訂購食物，然後邀請朋友到家裡喝咖啡，這樣孩子就能在家裡玩耍，另一半也能在家睡午覺。由此可見，只要用心思考，一定能找出滿足所有人需求的共同解決方法。

其他人

有時候除了父母以外，還會有其他人會幫忙照顧孩子，比如祖父母、保母；或者可能把孩子送去托兒所或幼兒園。這個時候，孩子將理解到世界上還有其他人會照顧他們，而這些人是父母信賴的人。如此一來，孩子將學會信任別人，同時從其他人身上學到更多東西；孩子的世界也會因為和許多人互動，變得更加豐富、精彩。

孩子會感覺到父母找來照顧自己的人是值得信任的。我從我孩子的蒙特梭利學前班教師那裡得到的最好建議是，給孩子一個極為正向、簡短的再見：「玩的開心點，等等說故事時間結束後見。」我每天都會對孩子說同樣的話；這讓我安心，也讓孩子安心。當他們跑出教室時，如果他們願意，我會用一個擁抱來迎接他們，並且說：「見到你真好。」

我不需要告訴孩子我有多麼想念他們，這對一個小小孩來說太沉重了。孩子真正需要的是：父母信賴這個人，所以他們也信賴這個人。然而，在這個過程中，孩子也需要信任父母，所以如果我們要離開了，應該要讓孩子知道，並接受這個可能會讓他感到有點難過的事實。對孩子來說，這比不告訴他們就直接消失、讓他們突然發現父母不在那裡，並且不能理解父母去了哪裡或何時回來，要好太多了。

如何讓其他家人接受蒙特梭利的理念？

想要「改變別人」是不可能的：無論是孩子、伴侶或者其他家庭成員，都不可能；我們都希望身邊的人能接受蒙特梭利的教學理念，但我們不能「強迫」他們接受。然而，也不要因此失去信心。

我們可以從自身做起。我時常認為父母能做的最好的事情，就是不斷地實踐。通常，人們會發現我們的教養方式不同，因而想要詢問我們更多相關資訊，比如：「我看到你的孩子在遊樂場上不高興時，你沒有對他大吼大叫，能告訴我更多這方面的應對方式嗎？」由此可見，父母不僅是孩子的榜樣，也是周圍其他人的學習對象。有些家長會好奇我們的育兒方式，從而請教我們，但不是每個人都會這樣，所以也不用過度在意。

利用各種方法，和家人分享育兒資訊。例如，分享一篇相關短文、一個關於某人採用蒙特梭利教學法的真實故事，或分享一個能與蒙特梭利教學法產生共鳴的廣播或 Podcast；或者，介紹這本書給家人、轉寄相關電子報、邀請家人一同參加蒙特梭利學校舉辦的線上或線下研討會，互相分享參加完研討會的心得等。就像這樣，一次一點、一點一滴，以滴水穿石

般的速度，以家人願意接受的速度，慢慢地將蒙特梭利教學法的理念分享給他們。

留意自己和其他家人的說話方式。一般來說，我們希望其他的家庭成員也能以溫和的方式和孩子說話：不要糾正他們、不要限制批評，並鼓勵他們。話雖如此，最終我們自己和其他家人說話和傾聽的方式，往往不同於孩子：說錯話了立刻糾正、對他們的不耐煩感到沮喪，最後演變成總是對他們的行為說三道四，完全沒有尊重對方的意思。蒙特利梭的理念不只適用孩子，也適用於所有人身上。因此，請留意自己對其他家人的語氣和說話的方式，以免傷害他們。

接受其他家人的感受，並成為他們與孩子之間的溝通橋樑。沒有人永遠都是對的，也沒有人永遠都是錯的。正如父母已經學會從孩子的角度看問題一樣，我們也可以學會從其他家庭成員的角度看問題。有時，父母可能不喜歡其他家人對孩子說話或互動的方式，這時，我們可以成為他們之間的翻譯橋樑，例如：

「爺爺好像不想讓你爬沙發。」

「媽媽好像不想讓你亂丟食物。」

「你們兩個相處在一起，好像有困難？如果需要幫忙，請告訴我。」

無論是在家裡或遊樂場，無論是對鄰居或與我們想法不同的親戚，都可以運用以上的概念，爸媽可以成為他們之間的溝通翻譯。基本上，**只要在本章開頭所提到的「大家庭」中，每個人都具有相同的價值觀、擁有足夠的智慧**，就能在意見分歧時，藉由溝通化解爭端，取得共識。例如，爸媽總是希望可以給孩子最好的；我們希望孩子有禮貌且負責任；我們希望孩子能成為一個好奇心充沛的人——但我們都有自己的局限性。

而當孩子生活在這個「大家庭」時，他會了解，**每一個人在這個家庭中，都有其獨特之處**；說的更明白些，孩子會自然而然地學會，當他想要裝傻胡鬧時，該去找誰；當他發現自己的世界並非走在一個正常的節奏時，該去找誰；以及其他各式各樣我們預想不到的狀況等等。

　　你看，有這麼多人和我們一起教養我們的孩子，這是多麼幸運的事呀！即使沒有獲得直系親屬的育兒援助，我們也能從街坊鄰居之間獲得許多幫忙與照顧。

寫給祖父母和保母的育兒指南

　　如果讀者是祖父母或保母，那麼這個段落是為你而準備的，讓你能順利應用書中提到的所有技巧。剛開始，蒙特梭利教學法可能和你習慣育兒方式截然不同，但這些方法對你的孫子女或照顧的對象，確實十分有幫助。

　　以下有幾個簡單的原則，可以先嘗試運用；如果你喜歡這些方法，並覺得運用起來不錯，則可以再閱讀本書的其他章節，更加深入理解蒙梭利的育兒方法。

❶ **觀察孩子**：從孩子身上獲取線索：他們對什麼感興趣？讓他們自由探索可以嗎？你該如何讓他們自由探索，卻同時確保他們的安全？

❷ **看看孩子能否自行解決一切**：無論孩子是想嘗試自己吃飯或自己穿衣服，還是在掙扎不知道該挑選哪一款玩具來玩，都請給他們一點點時間，看看他們能否自行解決。而你將會發現，當孩子自

己完成一件事之後，他們臉上所呈現出來的喜悅是無價的。

❸ **把你喜歡的東西，與孩子分享**：分享你的興趣，可以幫助孩子獲得豐富的經驗。你會演奏樂器嗎？有一些漂亮的手工藝材料可以讓他們探索嗎？如果喜歡運動，是否可以簡單地示範給他們看？

❹ **和孩子到戶外探索**：如果擔心孩子會在家打破什麼東西，或想為他們提供娛樂活動，可以到外頭的公園、遊樂場或健康步道，或乾脆走路到附近的商店。藉由外出走走，讓他們向你分享所看到的一切，或者你可以說出他們看到的東西名稱，然後和孩子聊一聊這個東西。

❺ **把你的所見所聞客觀描述，給予孩子回饋**：與其簡單地稱讚他們「做得好」，不如讓他們知道你看到了什麼，比如：「我看到你一個人在盪鞦韆。」「你一路跑到山頂，然後滾下來，看起來似乎很好玩。」我們要做的是試著讓孩子自行判斷，自己是否想要做這件事情，而不是為了獲得他人的讚美而去做這件事情。

❻ **送出你的時間，而不是你的禮物**：送禮是很體貼的心意，它可以顯示你的愛；但是更能顯示你的愛的，是你的時間。如果真想要買禮物，可以考慮買動物園的門票，你們就可以一起參觀；或者買一本你們可以在沙發上一起閱讀的書；或是買些餐券，在你照顧孩子的時候，讓孩子的父母可以好好地享用一頓飯。當孩子擁有更少的東西時，意味著我們可以和他們相處更長的時間；我們要告訴孩子該如何關心他的生活環境、他自己，還有他周遭生活的所有人。

❼ **你和孩子的父母有什麼共同的價值觀**：這個共同點是一個好的開始。對於喜歡秩序的孩子來說非常有幫助，因為它能在孩子面前

展示出一致性；或許，你們和孩子父母之間的某些規則會有些不同，但孩子會明白的。只要你們雙方的價值觀是一致的，孩子就能在與你和他父母的關係中，獲得安全和可靠的感覺。

❽ **你能給孩子的父母一種歸屬感，以及價值和接納的感覺嗎：**通常一般情況下，當「大家庭」（包括保母在內）其內部的意見分歧時，表示當中某些人渴望被接受。事實上，即使長大成人了，我們也有一個「內在小孩」，這是一個小小的自己，希望得到愛、獲得接納。請向孩子的父母表達你理解他們的觀點，如此一來，當彼此出現意見分歧時，就可以創造出很大的空間去化解。

如果出現家庭衝突

　　為了幫助父母傳達關心，並聽取其他家庭成員的關切，請嘗試以下這個積極的傾聽練習：只需要問對方是否有二十分鐘的時間。這個技巧改編自諾貝爾和平獎得主塞拉‧艾沃西（Scilla Elworthy）博士在 2017 年於蒙特梭利大會上的主題演講。

　　在剛開始的五分鐘裡，對方可以談論任何困擾他們的事情。這時請傾聽，耐心地傾聽他們說什麼，並仔細觀察他們的感受；在接下來的五分鐘裡，我們可以告訴對方，我們聽到他們說了什麼，以及認為他們有什麼感受，如果我們誤解了什麼，對方可以讓我們知道。接著，雙方交換角色。現在，父母可以就任何自己困擾的事情談論五分鐘，而這時孩子也會傾聽父母所說的話。

　　在最後的五分鐘裡，讓孩子說說他們聽到了什麼，以及他們注意到了父母有什麼樣的感受。如果他們沒有正確理解，父母也可以讓孩子知道。

　　如果感覺溝通還不錯，父母可以再來一次二十分鐘的談論。像這樣，父母將開始看到「對方」和「自己」的需求；畢竟我們是凡人，透過二十分鐘的溝通傾聽技巧，只是想讓彼此的需求獲得滿足。另外，進行時請避免：

❶ 盡量避免使用指責對方的言語。例如，請說「被尊重對我很重要」，而不是說「你不尊重我」。另外，使用「我」的陳述時，請觀察看看對方的反應，確認對方的感受和需求。

❷ 向別人提出請求，而不是堅決要求。如果我們充滿創意，總有很多方法能解決問題，所以請對各種可能的解決方案，抱持開放的態度。

讀者可以在附錄中找到「感受和需求表」（請參閱 323 頁），供大家在這二十分鐘的傾聽練習中使用。

「離婚」不一定是不能說的字

即便父母離婚，孩子還是有可能安然度過這段轉換期，即：孩子只要分別好好地生活在兩個家庭就好。在理想的情況下，父母可以達成共同撫養孩子的安排，共同承擔責任，讓雙方都有時間陪伴孩子。

即使在 1990 年代，蒙特梭利博士認為，孩子只要不是基於生理或心理的原因，不與父母的其中一方接觸，父母即使分居，雙方仍會在孩子的生命中扮演很重要的角色。話雖如此，無論是分居或離婚，依然存在著一種不舒服的感覺。

當父母之間的關係結束時，確實令人難受，但它不一定是負面的。事實上，如果父母雙方因為分開而獲得幸福，對孩子來說，這可能是一個更正向的經歷，因為孩子即使還很小，也能感覺到家裡的氛圍，例如：時常爭吵、意見分歧和不和諧的氣氛。

那麼離婚之後，面對孩子的教養該如何處理呢？以下有三點建議：

在父母離婚後，「穩定」對孩子來說十分重要：當父母離婚後，孩子和爸爸媽媽都必須要有一個固定的行程表，孩子就知道會有什麼期待。我們已經多次討論過學步期的孩子如何具有強烈的秩序感，因此請把這一項列入優先考慮事項。

「誠實」對待孩子：不要認為孩子太小，不知道發生了什麼事，但是另一方面，他們也不需要知道所有的細節。請實事求是，讓他們適度的參與其中，並隨時向孩子更新目前的狀況。

在孩子面前「善待」曾經的另一半：當孩子在場時，雙方承諾對曾經的另一半說好話非常重要。這有可能很難做到，但可以盡力而為，比如盡可能避免衝突，待孩子不在場時再討論這個問題。最後，我們會建議和朋友、家人或諮詢心理師談論自己和曾經的另一半之間相處的困難，但不建議和孩子談論，因為把孩子放在父母的衝突中是不公平的。

請記住，即便雙方離婚了，但仍然是孩子的父母、孩子的家人，只是我們沒有住在一起而已。

想想看

1. 父母的需求得到滿足了嗎？如果沒有，請想設法滿足自己的需求。
2. 有什麼方法可以讓家庭成員的需求都獲得滿足？請盡可能發揮創意。
3. 哪些方法有助於讓其他家庭成員，也願意以蒙特梭利的理念共同育兒？
4. 是否有任何衝突需要解決？若有，請參閱本章〈如果出現家庭衝突〉。

第 10 章

孩子要去上學了！
該先做好什麼準備？

- 為上幼兒園（或小學）的孩子做好準備
- 人類的四個發展階段
- 現在，是時候改變教育體制了
- 將正向教養的和平種子散播出去

為上幼兒園（或小學）的孩子做好準備

　　各位讀者，如果你的孩子準備要去上幼稚園或小學，在這篇會提供一些事前準備建議；尤其，如果你的孩子是去上蒙特梭利學校，更要事先做好以下三件準備：

　　第一，**練習獨立的技能**。例如，我們可以尋找方法來讓孩子自行穿外套、穿脫鞋子，以及學習擦鼻涕。

　　第二，**練習與父母分離**。尤其，如果孩子是在沒有其他照顧者協助照顧幼兒的情況下，家長要像練習其他技能一樣，不斷練習此項技能。我們可以先從邀請他人到家裡作客，和孩子一起閱讀、玩樂；一旦孩子適應他們之後，父母可以去短程旅行一趟、去辦點事；不過請爸爸媽媽記得，即使孩子會在我們離開時有些難過，但還是一定要告訴孩子們，我們要離開一陣子。只要孩子確定父母會回來，他們就會有安全感。久而久之，父母可以逐漸地拉長分開的時間，直到他們習慣離開父母的時間和他們在學校的時間，是相當的。

　　最後，則是孩子一生都要學習的事情──**練習社交技能**。在遊樂場，父母可以幫助他們翻譯，讓他們學會使用自己的語言，引導他們在需要時

行動起來，並樹立照顧別人的榜樣。這個方法也將提供他們屆時上學之後所需的社交支持，幫助他們做好準備，在新學校裡學習如何和別人相處、關心他人。

家中的蒙特梭利教具要與學校不同

當孩子開始上學時，建議最好不要在家裡使用相同的蒙特梭利教具。原因有三：

➡ 孩子每天在學校的時間可能長達六個小時，如果他們只能在教室裡找到這些教具，將會更踴躍投入地使用和學習這些教具。

➡ 我們不希望用與學校不同的方式來示範這些素材，如此可能會讓孩子感到困惑。

➡ 孩子也需要玩一些不是蒙特梭利概念的非結構化遊戲，例如，戶外時間、參與家中的日常事務時間，以及和其他小朋友一起玩耍的時間。

適合在家中進行的課堂蒙特梭利活動，可以和孩子玩「尋找字音」或「尋找聲音」的遊戲，例如：「我們現在要來找環境中注音ㄅ開頭的物品喔」，或是「現在開始，我說一聲你說四聲」（大人說「ㄚ」，孩子說：「ㄚˋ」……以此類推），用這個方式來玩中文。

人類的四個發展階段

蒙特梭利博士根據她的科學觀察，對兒童從 0 到 24 歲的發展進行了概述，將其稱之為「人類的四個發展階段」（four planes of development）。

令人驚訝的是，蒙特梭利認為人類直到 24 歲之前都是孩子。實際上，現在的大腦科學研究證實大腦的前額葉皮質層，也就是掌握理性決策和控制社會行為的區域，會一直發育直到二十幾歲出頭。沒想到，一百多年後的大腦科學研究，驗證了蒙特梭利博士的觀察結果。

在人類的四個發展階段中，每個階段的長度為期六年；從中，蒙特梭利博士認識到兒童在身體、心理和行為發展三方面上，極具相似性。現在就先讓我們來看看嬰幼兒時期，以及之後的三個階段的發展情況。

第一階段：嬰幼兒時期（0 至 6 歲）

人類出生之後最初的六年，其目標是讓孩子從父母那裡獲得身體和生理上的獨立。由於這段時間內發生了如此巨大的變化，一般來說，是一個

非常不穩定的時期。

在這個時期，孩子經歷了重大的身體變化：從完全依賴大人的嬰兒成長為能自己走路、說話和吃飯的孩子。此外，「走向獨立」也意味著有時候希望和父母親近、有時候又會把父母推開，或希望自己能處理一切的事情；而這是一種「獨立危機」。另外，孩子也會做很多測試，來了解他們周圍的世界。

「吸收性心智」在這整個時期會十分活躍，從出生到 6 歲的孩子能像海綿一樣，吸收周圍的所有資訊。在這個週期的前三年（0 到 3 歲），孩子是完全無意識、不費吹灰之力地吸收這些資訊，亦即「無意識的吸收性心智」（unconscious absorbent mind）；在第二個三年（3 到 6 歲），孩子進入了「有意識的吸收性心智」（conscious absorbent mind）。原則上，從 2 歲半到 3 歲半，幼兒已經累積足夠的經驗去分類、更清楚的理解他們透過吸收性心智，從環境中吸收的資訊，而這會驅使他們去學習更多的東西來構建自己。

那麼，這個在實際上意味著什麼？孩子從簡單地接受和適應周圍的世界（0 到 3 歲）轉變為問「為什麼」和「怎麼做」（3 到 6 歲）的孩子；他們希望了解自己在前三年所接受的一切。另外，他們也會開始對其他文化著迷，比如喜歡世界地圖、旗幟和地貌；可能還會對使用具體的素材，比如閱讀、寫作和數學表現出興趣。

孩子在這個階段是感官學習者，甚至在子宮裡也是如此。從 0 到 3 歲，他們使用所有的感官來探索周圍的世界；而從 3 歲到 6 歲，他們開始對這些感覺進行分類，例如：大和小、硬和軟、粗糙和光滑，或嘈雜和安靜等。

在這個時期，孩子以「現實」為基礎：他們最容易理解周圍的現實世

界，並對觀察事物的運作感到著迷。大約從兩歲半開始，孩子可以理解想像力豐富的遊戲，因為他們對周圍的世界有了認識，例如：玩商店遊戲或玩扮家家酒遊戲。

　　嬰幼兒時期也是孩子形塑性格的起點，這些早期的經歷將決定成年後的人格特質。因此在這個時期，父母所做的事情，就是非常重要的「播種」……

第二階段：兒童時期（6 至 12 歲）

　　嬰幼兒時期的孩子正在努力實現身體和生理上的獨立，到了兒童時期的孩子，則正在努力實現他們的精神獨立：他們被驅使去了解一切、探索事物背後的原因，不再只是單純地吸收資訊。

　　孩子開始發展對周圍世界的獨立思考，同時發展他們的道德感；他們會開始探索灰色地帶：「這是對的還是錯的？」「它是公平還是不公平？」

　　另外，孩子也用自己的想像力探索世界，能夠理解歷史並將想法投射到未來。而這也是一個合作的年齡，他們喜歡在大桌子周圍或地板上進行分組活動。

　　在這個時期，沒有那麼多的快速成長該留意的注意事項，所以父母聽到兒童時期的孩子，比較穩定、波動性比較小，可能會很高興。事實上，之所以會有這樣穩定的基礎，是因為家長在第一階段的頭六年，設定好了明確的規範；在這個階段孩子會明白這些規範，不需要每次都去挑戰它們。

　　所以，這時候的孩子就像植物的莖部，正在長得又高又壯……

第三階段：青少年時期（12至18歲）

青少年時期和嬰幼兒時期有許多共通處，所以有些父母認為嬰幼兒和青少年的人格發展，十分類似；蒙特梭利博士也同意這點。

同樣地，青少年時期也是一個重大的身體和心理變化時期；如果說嬰兒是從身體上逐漸從父母中獨立出來，那麼青少年則是正在努力實現社會獨立，並遠離他們的家庭：有時候想成為家庭的一部分，有時候又想獨立，兩者之間存在著抗爭，而這又會是另一場獨立危機——只不過這一次是社會性的。

青少年喜歡和別人分享想法和理念，特別是他們想要改變世界的方式（包括制定社會政策）。有趣的是，蒙特梭利博士觀察到這個時期傳統的學校，通常會變得學術性比較強，但青少年的論述，實際上卻沒有學校所教導的那般學術。

另外，蒙特梭利博士為這個階段的孩子，提出「大地之子」（Erdkinder）或可稱為農場學校（farm school）的願景，作為青少年的完美學習環境。在那裡，他們可以透過耕種土地、在市場上銷售商品，以及確定自己在社會團體中的地位來學習。在城市裡有一些蒙特梭利高中，被稱為「折衷型的都市學校」（urban-compromises），他們試圖在城市環境中應用上述類似的原則。

我想在這裡補充一點個人意見，其實青春期和青少年不一定是可怕的。我發現家裡有兩個青少年是一種樂趣，他們是值得花時間相處的可愛又美好的家人。

青少年就像美好的葉子和花朵那般即將盛開，接近成熟……

第四階段：成熟時期（18 至 24 歲）

蒙特梭利博士說，如果前一個發展階段的工作都完成了，那麼第四階段的工作，就可以讓他們自己完成；她把這個階段的工作稱之為「發展精神和道德的獨立性」。

在這個階段，這些成熟的年輕人主要想透過擔任志工、和平工作團（Peace Corps）的方式回饋社會；他們可能會進入大學就讀，並投入勞動市場。

成熟時期和兒童時期類似，這是一個更穩定的時期。年輕的大人有一個推理和邏輯的頭腦，他們正忙於探索工作和學習中感興趣的深層領域，與此同時，他們的大腦也幾乎完全發育完成。

所以，這時候的孩子是一株完全長大的植物了，雖然仍需要父母的照顧和關注，不過現在他們已經成長為一個成熟的個體，能夠自己做出選擇，並承擔後果。

人類的四個發展階段

嬰幼兒時期	兒童時期	青少年時期	成熟時期
0－6歲	6－12歲	12－18歲	18－24歲
父母播種	孩子像植物的莖部，長得又高又壯	孩子像葉子和花朵那般即將盛開，接近成熟	孩子是一株完全長大的植物了
・身體和生理上的獨立 ・吸收性心智 ・容易理解周圍的世界 ・感官學習者 ・各玩各的，很少互動 ・快速成長和變化	・精神獨立 ・培養道德感（對與錯），探索事物的運作和關係 ・從具體到抽象的學習 ・用自己的想像力探索世界 ・喜歡和別人進行團隊合作 ・緩慢成長，穩定性較高	・社會獨立 ・制定社會政策（他們想要改變世界） ・與別人分享想法和理想 ・巨大的生理和心理變化（與嬰幼兒時期相似）	・精神和道德上的獨立 ・回饋社會 ・推理、邏輯思考 ・更加穩定的時期（和兒童時期相似）

現在，是時候改變教育體制了

　　當你我成為父母時，便會開始意識到當前的教育系體制是如何讓孩子失望。我們看到一個為工業革命而建立的教育體制，為了培訓工廠的勞工，所以讓孩子坐成一排，用背誦的方式來學習知識，好通過考試。

　　各位家長之所以閱讀這本書，可能是因為你想培養孩子能獨立思考的能力，能透過研究找到問題的答案，激發孩子的創意思考能力、解決問題的能力，懂得與別人合作，並在工作中獲得意義。

　　有「世界教育部長」之稱的肯‧羅賓森爵士（Sir Ken Robinson），不斷鼓勵父母質疑當前的教育體制，去了解傳統學校如何扼殺了孩子的創造力，並希望父母對孩子的學習方式進行革命。

　　我當時和你一樣。我有一個學步期的幼兒，即將面對學校教育的選項，而我又是一個理想主義者，我不希望我的孩子只是為了通過考試而學習。於是我走進蒙特梭利教室，看到了另一種學習的方式。

將正向教養的和平種子散播出去

「你精確地指出，如果我們要在這個世界上傳授真正的和平、如果要進行一場真正的反戰爭，就必須從兒童開始。如果他們能在自然的純真中成長，我們就不必進行抗爭，不必透過毫無結果的空洞決議，而是從愛到愛、從和平到和平，直到整個世界都渴望著愛與和平。」

——印度聖雄甘地，《邁向新教育》（*Towards New Education*）

現在是時候把這些資訊帶到下一個階段了。我想請大家協助我實施我的計畫，那就是在世界各地散播和平與「正向教養」。通常每當我們感到無助時，好像就對世界所有的暴力都無能為力，但其實不然，有一些事情還是可以做的，例如父母可以學習如何了解孩子等。

一旦父母能對孩子應用和平與愛的原則，就可以在世界各地傳播和平了，無論是對伴侶和家人、對朋友和陌生人，或者在學校、超市，還有那些對世界有不同看法的人，都可以向他們傳播和平。

運用在本書中學到的技巧，和其他人坐下來一起交談，傾聽對方的意見，並真正地了解對方。大家可能都是用不一樣的方法來教養孩子，做出

不同的教育選擇；可能有性別、種族、民族、政治、性取向、宗教等方面的差異，甚至父母的基本信念和價值體系有可能截然不同。

不過我深切相信，誰是正確的並不重要，重要的是我們要賦予他人意義、提供歸屬感，並接受他們原來的樣子，就像父母已經學會如何善待孩子那樣。孩子有足夠的資源，父母也是——甚至每個生物也是。

在這個世界上要實現和平，就是要讚頌彼此的差異，尋求共同點，解決他人的恐懼，找到和平的方式一起生活，並且意識到**每個人的相似之處多於相異之處**。畢竟，四海一家，人類應該互愛互敬。

那麼，我們可以從哪裡著手呢？最好從了解孩子開始，並播下希望的種子，從而培養一個美麗、充滿好奇心與責任感的人類。

1952 年 5 月 6 日，蒙特梭利博士在荷蘭的諾德韋克安澤（Noordwijk aan Zee）逝世，在她的墓碑上寫道：「我懇求親愛的全能兒童和我聯合起來，在人類和世界上建立和平。」

想想看

1. 當孩子從學步期幼兒、學齡前兒童，以及日後的成長過程中，父母如何為自己和孩子做好萬全的準備？

2. 我們如何將本書中學到的「換位思考技巧」應用到以下的關係中：
   · 學步期的孩子？
   · 伴侶？
   · 家人和朋友？
   · 不同價值觀的其他人？
   · 鄰居？
   · 陌生人？

真實故事

蒙特梭利家庭的家訪和名言摘錄

凱莉、亞倫、卡斯帕、奧提斯和奧托

How We Montessori

（www.howwemontessori.com）

「無論你讀了多少蒙特梭利的書籍，我總是建議父母參加蒙特梭利親子班，親自體驗蒙特梭利。」

「孩子在學習上仍然非常注重實踐。我喜歡觀察他的活動狀態。他喜歡烘焙甜點，他從為家人做飯中得到許多樂趣。他偏好看似亂無章法的藝術風格，而且喜歡和家人一起。孩子仍然喜歡依偎在我們身邊，我們會蜷縮在一起，看一本好書。」

「蒙特梭利最讓人產生共鳴之處，是教導父母觀察和跟隨孩子步伐的方式。每個孩子都按照他們自己的節奏學習，這是一種魔法。」

📍 澳大利亞

埃雷爾、巴亞納、尼莫和奧迪

@mininimoo

「當我第一次看到**蒙特梭利**這個詞時，感覺像是看到了新世界。那天我無法入睡；我整晚都在搜尋相關的資料，並開始準備明天的蒙特梭利活動。」

「我認為有紀律的教育比活動要重要許多，父母應該樹立榜樣。我們身為父母，也在這個過程中獲得了紀律，並在孩子身上學到了許多。這需要付出很大的努力，但當孩子產生興趣和學習時，我們會獲得更多的快樂。」

「儘管我的家和蒙特梭利房間都很小，但我喜歡它們看起來比實際上更大。住在一個小公寓裡，我試圖把所有的東西都集中在一起，而且會固定做斷捨離，始終為孩子留出一個探索的空間。而我也建議儘量讓家裡某處總是保持舒適和愜意。」

 蒙古

貝絲、安東尼和昆廷

Our Montessori Life

（ourmontessorilife.com）

「我們最喜歡做的事情就是和孩子身處大自然裡，向他們介紹自然界的一切奧祕。這些自然學習都是在戶外發生的。」

「我們在尋找一種可以幫助孩子的方法，同時在整體和和個人成長的層面上，滿足他的需求。無疑的，蒙特梭利是完美和溫和的解方。」

「最重要的是，蒙特梭利以和平教育為中心，提倡從小讓孩子接受和平教育的教學法。沒有任何教學法或學習系統能做到這一點。這就是我為什麼如此熱愛蒙特梭利的原因。」

「『在家蒙特梭利』是指對孩子感到驕傲和尊重孩子。你的孩子能為自己準備食物嗎？他們能從衣櫃裡拿出自己的衣服嗎？他們能自己去喝水嗎？還是你必須拿給他們？最重要的是，你是如何和孩子與其他家庭成員說話？」

📍 加拿大

艾米、詹姆斯、夏洛特和西蒙

Midwest Montessori

（midwestmontessori.tumblr.com）

「我最喜歡和孩子做的事情就是觀察他們。當我準備好環境後，接下來我喜歡舒服地坐好，看著他們在其中活動。通過觀察，我可以讀懂他們的思想，這讓我非常著迷。除了觀察，我還喜歡和孩子們在戶外活動（無論是大自然或在街道、公園裡）、閱讀書籍、聆聽和創作音樂，以及做所有日常事務。」

「在為孩子創造一個絕佳的成長環境上，蒙特梭利是付出了大量的關注和講究細節，其中也包括了大人的準備—這有可能是最困難的部分，特別是對我們來說。當我們用蒙特梭利的方式設置我們的家時，就是尊重孩子的開始。剩下的學習就靠他們自己了。」

「我們經常認為幼兒很不受控，但如果我們花點時間、放慢速度，給他們空間，並仔細觀察，我們可以發現孩子在活動中可以更加專注。」

 美國

我的家庭
西蒙娜、奧利弗和艾瑪

「從孩子的角度看世界。當我們透過他們的眼睛看世界時，我們會獲得許多理解和尊重，而這將有助於你引導和支持孩子。」

「我希望我的孩子能熱愛學習，而不僅僅是會考試。當我們走進蒙特梭利幼兒園時，我非常感動。在架子上擺放的蒙特梭利教具，一切都是那麼的美好。我想自己探索一切，所以我知道這是最適合我孩子的環境。」

「隨著我對蒙特梭利教育理念的了解越來越深，我不斷地受到啟發。它就像洋蔥那樣，你能夠一層又一層地剝開。你可以把蒙特梭利視為一種教學方法，但我更喜歡把蒙特梭利做為一種生活方式。」

📍 澳大利亞和荷蘭

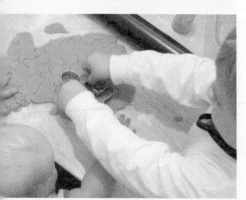

我的教室
藍花楹蒙特梭利學校

「每週我都歡迎超過一百名孩子，和他們的父母或照顧者在蒙特梭利的環境中學習。這裡專為嬰幼兒和學齡前兒童提供課程。」

「孩子喜歡探索這裡的環境，所有的設施都是適齡量身訂製，在這裡的一切他們都可以盡情使用。家長們會學會觀察孩子，提出問題，並認識志同道合的家庭。我喜歡看到孩子和家長們因為課程而產生巨大的轉變。」

📍 荷蘭 · 阿姆斯特丹

延伸閱讀

蒙特梭利博士的書籍和講座

- 《吸收性心智》（*The Absorbent Mind*），瑪麗亞・蒙特梭利著，魏寶貝譯，及幼文化，2005
- 《家庭與孩子》（*The Child in the Family*），瑪麗亞・蒙特梭利著，何佳芬譯，及幼文化，2000
- 《新世紀的教育》（*Education for a New World*），瑪麗亞・蒙特梭利著，李裕光譯，及幼文化，2000
- 《人的成長》（*The Formation of Man*），瑪麗亞・蒙特梭利著，張君虹譯，及幼文化，2001
- 《童年之祕》（*The Secret of Childhood*），瑪麗亞・蒙特梭利著，李田樹譯，及幼文化，2000
- 《發現兒童》（*The Discovery of the Child*），瑪麗亞・蒙特梭利著，吳玥玢、吳京譯，及幼文化，2001
- 《瑪麗亞・蒙特梭利對父母的演講集》（*Maria Montessori Speaks to Parents*），瑪麗亞・蒙特梭利著，Montessori-Pierson Publishing Company，2017
- 《1946 年瑪麗亞・蒙特梭利的倫敦課程》（*The 1946 London Lectures*），瑪麗亞・蒙特梭利著，Montessori-Pierson Publishing Company，2012

關於蒙特梭利教學法的書籍

- 《快樂的孩子：0 到 3 歲蒙特梭利全面指南》（*The Joyful Child: Montessori, Global Wisdom for Birth to Threed*），蘇珊・梅克林・史蒂芬森（Susan Mayclin Stephenson）著，Michael Olaf Montessori Company，2013
- 《世界的孩子：3 到 12 歲以上蒙特梭利全面指南》（*Child of the World: Montessori, Global Education for Age 3-12+*），蘇珊・梅克林・史蒂芬森（Susan Mayclin Stephenson）著，Michael Olaf Montessori Company，2013

- 《了解人類》（*Understanding the Human Being*），西爾瓦娜・夸特羅奇・蒙塔納羅博士（Silvana Quattrocchi Montanaro M.D.）著，Nienhuis Montessori，1991
- 《在家也能蒙特梭利（全新增訂版）》（*How to Raise an Amazing Child the Montessori Way*），提姆・沙丁（Tim Seldin）著，許妍飛、林以舜譯，親子天下，2021
- 《瑪麗亞・蒙特梭利》（*Maria Montessori: Her Life and Work*），E. M. 史汀（E. M. Standing）著，Plume，1998
- 《瘋！蒙特梭利》（*Montessori Madness*），特雷弗・艾斯勒（Trevor Eissler）著，Sevenoff，2009
- 《從 0 開始蒙特梭利：從 0 到 3 歲的居家教育》（*Montessori from the Start：The Child at Home, from Birth to Age Three*），保拉・波爾克・利拉德和林恩・利拉德・傑森（Paula Polk Lillard and Lynn Lillard Jessen）著，Schocken，2003

關於育兒的書籍

- 《溫和且堅定的正向教養 3：從出生開始培養有信心的孩子，瞭解適齡行為，紮根良好人格基礎》（*Positive Discipline: The First Three Years, From Infant to Toddler—Laying the Foundation for Raising a Capable, Confident Child*），簡・尼爾森、雪柔・埃爾溫、羅莎琳・安・杜菲（Jane Nelsen Ed., Cheryl Erwin M.A., Roslyn Ann Duffy）著，陳依萍譯，遠流，2020
- 《怎麼說，孩子會聽 vs. 如何聽，孩子願意說：協助親子改善溝通、創造良好互動的六堂課》（*How to Talk So Kids Will Listen and Listen So Kids Will Talk*），安戴爾・法伯、依蓮・馬茲麗許（Adele Faber, Elaine Mazlish）著，陳莉淋譯，高寶，2015
- 《不爭吵的手足：如何幫助你的孩子們生活在一起》（*Siblings Without Rivalry: How to Help Your Children Live Together So You Can Live Too*），安戴爾・法伯、依蓮・馬茲麗許（Adele Faber, Elaine Mazlish）著，W. W. Norton & Company，2012
- 《教孩子跟情緒做朋友：不是孩子不乖，而是他的左右腦處於分裂狀態！》（*The Whole-Brain Child: 12 Revolutionary Strategies to Nurture Your Child's Developing*

Mind），丹尼爾·席格、蒂娜·布萊森（Daniel J. Siegel, M.D., Tina Payne Bryson, Ph.D.）著，周玥、李碩譯，地平線文化，2016

- 《愛孩子，不必談條件：美國教育專家的反傳統教養法》（*Unconditional Parenting: Moving from Rewards and Punishments to Love and Reason*），艾菲·柯恩（Alfie Kohn）著，李簾譯，商周出版，2011
- 《祝晚安，睡個好覺》(*The Sleep Lady's Good Night, Sleep Tight*)，金·韋斯特（Kim West）著，Vanguard Press，2010
- 《茁壯成長：培養有自信、品格和韌性的孩子》（*Thriving!: Raising Confident Kids with Confidence, Character and Resilience*），邁克爾·格羅斯（Michael Grose）著，澳洲蘭登出版社，2010
- 《有毒的童年：現代世界如何傷害孩子，以及我們如何預防》（*Toxic Childhood: How the Modern World Is Damaging Our Children and What We Can Do About It*），蘇·帕爾默（Sue Palmer）著，Orion，2007
- 《創意家庭宣言：如何培養孩子想像力和建立家庭連結》(*The Creative Family Manifesto: How to Encourage Imagination and Nurture Family Connections*)，阿曼達·布萊克·蘇爾（Amanda Blake Soule）著，Roost Books，2008
- 《雙語教學之家長和教師指南》（*A Parents' and Teachers' Guide to Bilingualism*），科林·貝克（Colin Baker）著，Multilingual Matters，2014

個人發展方面的書籍

- 《非暴力溝通：愛的語言（全新增訂版）》（*Nonviolent Communication: A Language of Life*），馬歇爾·盧森堡（Marshall B. Rosenberg）著，蕭寶森譯，光啟文化，2019
- 《心態致勝：全新成功心理學》（*Mindset: The New Psychology of Success*），卡蘿·杜維克（Carol S. Dweck），李芳齡譯，天下文化，2019
- 《安靜，就是力量：內向者如何發揮積極的力量》（*Quiet: The Power of Introverts in a World That Can't Stop Talking*），蘇珊·坎恩（Susan Cain）著，沈耿立、李斯毅譯，遠流，2019
- 《慢活：一場關於挑戰速度崇拜的全球運動》（*In Praise of Slow: How a Worldwide Movement Is Challenging the Cult of Speed*），卡爾·奧諾雷（Carl

Honore）著，Orion，2005
- 《愛之語：永久相愛的祕訣》（*The 5 Love Languages: The Secret to Love that Lasts*），蓋瑞・巧門（Gary Chapman），王雲良、蘇斐譯，中國主日學協會，2021

其他參考文章和網站

- 〈孩子發脾氣時應被理解為焦慮，而不是反抗〉（*Seeing Tantrums as Distress, Not Defiance*）（2011.10.30），珍妮・安德森（Jenny Anderson），《紐約時報》
- 〈雙語嬰幼兒的詞彙發展：與單語規範的比較〉（*Lexical Development in Bilingual Infants and Toddlers: Comparison to Monolingual Norms*）（1993.3），芭芭拉・皮爾森等人（Barbara Pearson et al），《語言學習》（*Language Learning*），第 43 期，第 93-120 頁
- Sarah Ockwell-Smith, sarahockwell-smith.com/2015/03/19/one-simple-way-to-improve-your-baby-or-child-sleep
- Yoram Mosenzon, Connecting2Life, connecting2life.net
- 無螢幕育兒（Screen-Free Parenting），screenfreeparenting.com
- 和平運動家斯拉・艾爾沃西（Scilla Elworthy），scillaelworthy.com
- 世界教育部長肯・羅賓森（Sir Ken Robinson），sirkenrobinson.com
- 兒童環境設計師魯斯蒂・克勒（Rusty Keeler），rustykeeler.com

致謝

我非常感謝以下夥伴們……

今井彥子（HIYOKO IMAI）──我再也找不到更適合為這本書繪製插圖的出色插畫家了，我從來沒有想過這本書會如此美麗。當我把想法傳達給今井彥子時，她總能精準地將我的想法畫出來，甚至比我預期中的還要好。她的美感、關懷和寬容都是最優秀的。謝謝妳，今井彥子，謝謝妳把我的話語轉換成精美的插圖和設計。

亞莉克西斯（ALEXIS）──我非常高興且榮幸地能與亞莉克西斯和她的大腦，一起編製這本書。我請她協助我做一些文字編輯的工作，因而這本書的每一個字都是她都給予我的寶貴建議；她輕巧且敏感的文筆使這本書稿更加完美。

Workman 出版團隊──直到現在，我仍非常高興 Workman 出版願意出版這本書，因為它幫助我實現了我的計畫，就是：將平和與正向的教養觀念傳播到全世界。特別感謝佩奇（Page）發現這本書，並把它帶到 Workman；感謝梅西（Maisie），謝謝妳在工作時間永遠保持積極的態度，成為一個了不起的編輯，並傾聽我所有的要求；感謝麗貝卡（Rebecca）、拉蒂亞（Lathea）、莫伊拉（Moira）和辛蒂（Cindy），謝謝她們以趣味和創意的方式將這本書宣傳出去；感謝蓋倫（Galen）的排版技巧以及滿足我許多設計上的要求；感謝克莉絲蒂娜（Kristina）將這本書輸出到更多的國家；感謝孫（Sun）的超級組織能力；感謝

Workman 團隊其他幕後的成員。

其他協助者——迪亞納（Dyana）、凱文（Kevin）和尼娜（Niina）非常友善地願意成為最早拜讀本書的讀者，並給予我很棒的回饋。露西（Lucy）和塔尼婭（Tania）也閱讀了這本書，這兩人一絲不苟，注重細節，提供很多意見給我。另外，提倡連接生活／學習非暴力溝通的約拉姆·莫森宗（Yoram Mosenzon）也不吝惜地告訴我有關他對附錄和需求表的感受。麥迪（Maddie）也參與其中，做了一些寶貴的引言研究。至於蒙特梭利的語錄，我得到了蒙特梭利朋友們的幫助，他們為追蹤蒙特梭利博士智慧的來源而感到高興。感謝你們的寶貴襄助，使這本書成為更好的書。

分享家園的家庭——我經常為他人的寬宏大量和良善感到驚訝；當我和那些在本書中介紹他們蒙特梭利家園和孩子的家庭取得聯繫時，他們毫不猶豫地表示願意和我們分享他們的照片與生活。我希望各位讀者能在他們的故事和照片中，找到純真的靈感，將蒙特梭利帶入你的家庭。感謝安娜（Anna）、凱莉（Kylie）、埃雷爾（Enerel）、貝絲（Beth）和艾米（Amy）願意分享蒙特梭利是如何為你們的家庭帶來美好、快樂和平靜。

我的靈感來源——我永遠感謝費恩·範·澤爾（Ferne Van Zyl）、安·莫里森（An Morison）和安娜貝爾·耐特（Annabel Needs）這三位睿智的女士，對於蒙特梭利的介紹。我很幸運地能和我的孩子一起上課，並和費恩一起工作，對蒙特梭利有了一個超棒的認識。費恩和我分享了她對蒙特梭利的熱愛，並告訴我該如何從孩子的角度看待問題。安和安娜貝爾是我孩子的第一位蒙特梭利老師。在參加澳大利亞雪梨城堡岩（Castlecrag）蒙特梭利學校的開放日時，我第一次被蒙特梭利教室的美好、蒙特梭利教師的尊重以及為孩子準備的一切所感動。感謝妳們鼓勵我

跟隨你們的腳步前行。

　　我的蒙特梭利培訓師——裘蒂・奧瑞恩（Judi Orion）在國際蒙特梭利協會嬰幼兒助理培訓中，和我們分享了她對嬰幼兒的熱愛以及她豐富的經驗。我徹底吸收了培訓中的每一個字，且發現這樣的培訓非常全面，能為我們和孩子往後交流的所有工作做足準備。在培訓過程中，我從裘蒂那裡學到一個基本觀念就是「觀察的力量」：學會每天用全新的眼光看待孩子，並接受他們原本的樣子。感謝裘蒂告訴我如何以全新的方式看待問題。

　　蒙特梭利的朋友們——我很高興能從許多蒙特梭利的朋友那裡學到東西，無論是在個人或在網路上。其中包括海蒂・菲力浦特-阿爾科克（Heidi Phillipart-Alcock）、珍妮-瑪麗・佩內爾（Jeanne-Marie Paynel）；國際蒙特梭利協會總部可愛的夥伴：伊芙・赫爾曼（Eve Hermann）及其家人、帕梅拉・格林（Pamela Green）和安迪・盧爾卡（Andy Lulka），以及所有來自國際蒙特梭利大會到蒙特梭利網路社群，感謝你們分享智慧，幫助我不斷成長和學習。

　　藍花楹蒙特梭利學校的家庭們——我非常感謝在阿姆斯特丹「藍花楹蒙特梭利學校」課堂上和這些了不起的家庭一起工作。每週我都要迎接一百多個孩子和他們的媽媽、爸爸、保母、祖父母和其他人。我每天都在向這些家庭學習。

　　我的媽媽、爸爸、妹妹——以及我所有的家庭成員。我們是一個有趣的、隨機的群體。我們在許多方面是如此不同，但在其他方面又是如此相似。即使我說「我想成為一名蒙特梭利教師」或「搬到 16,633 公里以外」的地方，我的父母都會支持我。我喜歡在週日早上和他們一起聊天，

知道彼此的生活狀況。感謝你們當我的左右手。

盧克（LUKE）——那天我在倫敦的市場上閒逛時突然想要有孩子，並希望有一天夢想成真。感謝你晚上幫忙照顧孩子奧利弗（Oliver）和艾瑪（Emma），以及在我一大早趕著去參加蒙特梭利培訓時，你也幫忙照顧。為了在英國、澳洲和荷蘭生活，我從 17 年的婚姻、溫和地協議分居，以及正在進行的共同撫養孩子的旅程中，學到了很多東西。我不會想和其他人一起做這些事，謝謝你成為我的生活夥伴。

我的工作夥伴——當我們獨自工作時，有時可能很難找到需要的支援。然後有一天，出現了黛比（Debbie），她不僅是我每週的工作夥伴，她還傾聽了我所經歷的一個巨大的轉變；我們在小木屋裡共度小假期、和我們的孩子一起進行自然探險，她的家人是和我分享「聖誕老公公驚喜遊戲」的最佳人選。然後我們在咖啡廳裡一起寫書，互相鼓勵和支持。她總是在那裡傾聽和說恰到好處的話語，感謝週四下午的工作會議和其他的點點滴滴。

我的朋友——我在阿姆斯特丹有一些朋友，他們和我在一起喝咖啡、逛博物館或看電影時，會傾聽我所有的瑣事。另外，我有一些老朋友，我不常和他們說話，他們卻總能準確地接上話題；即使我們不在同一座城市，但我們是志同道合的朋友。感謝瑞吉兒（Rachel）、阿吉（Agi）、蜜雪兒（Michelle）、比爾吉特（Birgit）、艾米麗（Emily）、貝琪（Becci）、納雷爾（Narelle）、埃米（Emmy）、克雷爾（Claire）、莫妮卡（Monika）和其他許多人，謝謝你們在我的工作中增添了許多樂趣。

資助者——我很感激所有支持和贊助本書的人。感謝他們對我的信任和幫助，使這個企劃得以啟動，並走進世界各地的家庭。

所有一切事物——我周圍的一切，從一杯茶、參觀大自然、騎自行車

上課、洗澡、在客廳裡做瑜伽，到我拿著筆記本寫這本書的舒適落腳處，例如：咖啡廳、戶外、我的床、我的廚房桌子、穿越法國的火車、去斯德哥爾摩的飛機、在里昂的公寓等等。感謝我的相機捕捉了我周遭的美景，感謝網際網路讓我能和這麼多人聯繫，感謝那些鼓舞人心的 Podcast，感謝所有的書，感謝我現在稱之為家的阿姆斯特丹，我有太多言之不盡的感激之情。

感謝你／妳——和我一起參與這本書，在世界各地傳播和平。一次感謝一個家庭，謝謝你、謝謝你、謝謝你。

我的孩子——最後，我要感謝我生命中最重要的人，奧利弗和艾瑪。他們是我最喜歡相處的人。他們教會了我很多為人父母的道理，我喜歡和他們一起成長。他們的支持、耐心和對我工作的理解，對我來說意義重大。我打從心底感謝你們，謝謝你們容忍我不停地談論這本書的計畫，謝謝你們讓我的內心充滿純潔的愛，得以讓我寫下這本書。

附錄

正向語言清單

目標	你不應該說	你應該說
站在孩子的角度	否認,如:「這只是一個小碰撞,又沒怎樣。」	從孩子的角度看情況,承認他們的感受,如:「你被撞到了嗎?應該很疼吧!」
	批判,如:「你總是搶走其他人的玩具。」	為孩子翻譯,如:「等其他孩子玩完了,你也想玩,對嗎?」
	責備、說教,如:「你不應該⋯⋯」「你應該⋯⋯」	透過猜測孩子的感受來理解他們的需求,如:「你想告訴我⋯⋯?」「看起來你⋯⋯」「你是不是覺得⋯⋯?」「你好像⋯⋯」
培養獨立性	禁止孩子做什麼,如:「不要摔杯子!」	告訴孩子如何做好,如:「拿杯子時要用雙手。」
	避免總是帶領孩子,如:「我們去看看這些拼圖吧。」	跟隨孩子,什麼也不說(耐心等待他們的選擇)
幫助孩子	接手並幫孩子做事,如:「讓我幫你做吧。」	儘量少插手,必要時才介入,如:「你想讓我/別人幫助你嗎?」「你想看看我是怎麼做的嗎?」「你有沒有試過⋯⋯?」
讓孩子熱愛學習	糾正,如:「不,牠是一隻大象。」	在教學中學習,如:「你想讓我看犀牛,是嗎?」(然後下次教孩子認識大象)
培養好奇心	提供問題的答案,如:「天空是藍的,因為⋯⋯」	鼓勵孩子找出答案,如:「我也不知道,讓我們一起來查查吧。」

目標	你不應該說	你應該說
幫助孩子自我評估（培養內在動力）	讚美，如：「做得好！」「好孩子！」	1. 給予孩子回饋，著重過程，如：「你把所有的卡車都放在籃子裡了。」 2. 用一個詞做總結，如：「這就是我所説的足智多謀。」 3. 描述我們的感受，如：「走進一個整潔的房間，真是享受。」
分享	強迫孩子分享，如：「現在輪到別人玩了。」	讓孩子學習分享並輪流玩，如：「他們正在玩，我們等一下，很快就輪到你了。」
接受孩子本來的樣子	忽視孩子的憤怒／感受，如：「只是一支湯匙，別鬧了。」	承認並允許孩子所有的感受，如：「因為你最喜歡的湯匙壞了，你看起來很難過。」
提醒孩子基本規則／家庭規則	喝斥，如：「不許打架！」	制定家規，如：「我不能讓你傷害兄弟姐妹。請用説的告訴他們你想要什麼。」
培養合作能力	禁止，如：「別碰寶寶！」	使用積極正向的語言，如：「我們可以對寶寶溫柔一點。」
	把問題攬在身上：「我快抓狂了，你為什麼還不穿衣服？我們要來不及了！」	把問題攬在身上：「我快抓狂了，你為什麼還不穿衣服？我們要來不及了！」
	感到挫敗，如：「你為什麼不聽話？現在該洗澡了！」	尋找讓孩子參與的方式：「你想像兔子一樣跳到浴缸裡，還是像螃蟹一樣橫著走呢？」

目標	你不應該說	你應該說
培養合作能力	嘮叨、吼叫，如：「我到底要說幾遍，去穿鞋！」	使用簡單且關鍵的語詞，如：「鞋子。」
	不停重複：「不要靠近烤箱！」	貼一張「它很燙！」的紙條在烤箱上
	責備：「你為什麼不把玩具收拾好呢？」	示範給孩子看：「玩具放在這裡。」（同時輕敲架子或箱子，表示玩具歸位的地方。）
讓孩子負責	威脅、懲罰、利誘，或寬限他們，如：「如果你再這樣做，我就……」「如果你現在過來，我就給你一張貼紙。」「停下來，去想想你做了什麼！」	幫助孩子冷靜下來，然後做出補救行為，如：「你看起來很沮喪，你想抱一抱嗎？」「你想去其他地方冷靜一下嗎？」 之後：「你的朋友在哭，我們要做什麼才能彌補他們呢？」
設立界限	避免衝突、過於嚴苛，或樹立壞榜樣，如：「他們太年輕了，不知道自己在做什麼。」 「如果你再咬我，我就咬回去，讓你看看你喜不喜歡。」	設立一個友善又明確的界限，如：「我不能讓你打／扔／咬我。我要把你放下來。如果你想要咬東西，你可以咬這顆蘋果。」
避免手足之間的競爭	拿兄弟姐妹做比較，如：「你為什麼不像你姐姐／哥哥那樣把豌豆吃掉？」	因材施教，如：「看起來你覺得這樣就夠了。」
	要老大負責：「你現在是哥哥／姐姐，你應該要更懂事。」	所有兄弟姐妹一起承擔責任，如：「我去廁所的時候，你們可以互相照顧嗎？」

目標	你不應該說	你應該說
在手足的爭端中保持中立	試圖決定誰對誰錯，如：「這裡發生了什麼事？」	讓孩子自己解決問題，如：「我看到你們都想要同一個玩具，我知道你們能想出一個大家都滿意的解決方案。」
避免設定角色和貼標籤	把孩子套進一個角色或貼標籤，如：「他很害羞／聰明。」	幫助孩子對自我有新的認識：「我注意到你是自己來找人幫忙的。」
和家人／其他照顧者溝通	生氣，如：「你為什麼對孩子大呼小叫？」	替他們向孩子翻譯：「聽起來媽媽／爸爸希望你做……」
優雅和禮貌的氣質	指責別人，如：「你應該早一點告訴我。」	負起責任，如：「我應該這麼做……」「我應該這麼說……」

哪裡可以找到蒙特梭利的素材和家具？

　　素材和家具的來源在你所處的國家／地區不同，也會有所不同。但我有一些建議，你們不妨從這裡著手。

　　首先請盡可能在當地尋找，一來支持本地的廠商，二來也節省開支、降低運輸成本，例如在宜家家居（IKEA）這樣的店可以購買到一些東西，對於基本需求來說是夠用的，而且我們也可以訂製需要的款式，增添自己的風格。IKEA 有一些適合的低矮書架、桌椅、繪畫和手工藝材料、書架，以及走廊、廚房和浴室的物品。

🍃 活動素材

　　各式木製拼圖、樂器，以及分類、堆疊、張貼和穿線的遊戲，請到木製玩具商店或二手商店尋找。硬幣盒可以在文具店或專業鎖店找到。

　　另一個很容易在家裡佈置的活動是一個裝滿錢包的籃子，裡面裝有隱藏的寶藏。我喜歡在跳蚤市場和二手商店尋找這些錢包，而我最喜歡放的素材是小陀螺、小動物模型、小玩具和鑰匙圈上的小飾品（請先把鑰匙圈拿掉）。因為這些東西通常很小，可能會導致嬰幼兒吞食而窒息的危險，所以讓孩子操作時一定要在監督下。

　　我也喜歡德國史萊奇（Schleich，又名思樂）的塑膠動物小模型，雖然有點貴，但很適合做為禮物，在木製玩具商店或網路上都可以買到。

🍃 繪畫和工藝用品

　　小剪刀、繪畫用品、粗鉛筆以及水彩顏料，請到美術用品店尋找。在那裡我們還可以找到各種尺寸的紙和畫筆。

🍃 籃子和托盤

籃子和托盤是整理蒙特梭利活動素材的最佳選擇。我們可以在雜貨商店、二手商店或百貨公司裡買到，無印良品（Muji）也有一些可愛的籃子。

🍃 點心區

廚房或家庭用品商店裡有適合幼兒小手使用的玻璃杯，它們耐用且不容易碎。建議找玻璃材質，而不是塑膠材質。我們要向孩子展示如何使用家裡的物品。如果他們發現這些物品有可能損壞，就會小心翼翼地使用它們。何況，用玻璃杯喝水味道更好，是一個更好持續的選擇，而且當孩子學習為自己倒飲料時，玻璃杯比較不容易翻倒。我自己在教室裡使用的是法國經典老牌杜拉萊克斯（Duralex）的最小尺寸玻璃杯。

我們可以在家居店找到漂亮的琺瑯碗，或者是 IKEA 的小金屬碗，還有在古董店或 IKEA 可以找到用來裝餅乾的可愛錫盒。

🍃 清潔用品

爸爸媽媽還可以在廚房放置小型清潔用具，例如拖把、掃帚或刷子畚箕組。這些東西一般可以在玩具店或網路商店上購買。或是在家中常備毛巾布材質的連指手套，在百貨公司就買的到。我也用關鍵字「蒙特梭利圍裙（Montessori aprons）」在 Etsy（一個以販賣手工藝品為主的網路商店平臺）上發現了一些很棒的幼兒圍裙。

🍃 家具

我會找一些個人工作室，可以幫忙客製小桌子、小椅子和矮架等。我也喜歡去逛二手店。像我們教室擺放的架子長 120 公分、深 30 公分、高 40 公分，就很符合需求。

關於蒙特梭利學校的 Q&A

選擇蒙特梭利學校要注意的事

由於「蒙特梭利」這個名字從未申請專利，所以有很多所謂的蒙特梭利學校（Montessori schools），很難分辨哪些是真正應用蒙特梭利博士的教育原則和理論。

以下是需要注意的十件事：

1. 學校提倡孩子親手使用具體素材來了解世界。孩子們會透過雙手觸摸、探索和使用美麗又堅固的素材，做出自己的作品。

2. 教具都放在和孩子高度相當的教具櫃上。這些教具很精美，完整地展示在托盤或籃子裡，充滿吸引力。

3. 採混齡式的上課方式，包含三到六歲、六到九歲、九到十二歲等，這種上課方式能讓大孩子做為小孩子的示範，並且提供幫助。

4. 活動時間是開放自由的。孩子可以自由地選擇他們的活動項目，並且不受干擾去享受操作，最理想的時長是三小時。

5. 孩子是快樂和獨立的。

6. 幾乎沒有測試。教師知道每個孩子已經掌握了哪些活動，所以幾乎不需要測試孩子。

7. 所有教師已完成有認證的蒙特梭利培訓課程。我特別推薦國際蒙特梭利協會（Association Montessori Internationale，簡稱 AMI），因為這是蒙特梭利家族為了確保其課程的完整性而建立的培訓組織。

8. 教師以尊重的態度和孩子交談，將孩子視為引導者，鼓勵他們用各種方式尋找解答，而不是直接說出答案，例如：「我不知道，讓我們一起找找看吧！」

9. 比起傳統學習，更重視自然學習。教師不是站在教室前面，告訴孩子他們需要知道什麼，而是讓孩子自然地自由探索和發現。

10. 學校將每個孩子視為獨特的個體，同時關注他們在社會、情感、身體、認知和語言領域的全面發展。

蒙特梭利學校裡典型的一天

家長可能很難理解，一個蒙特梭利班級怎麼會有三十個孩子，同時在進行不同的課程和不同的科目。我經常被問到：「老師怎麼能管理好這一切？」

以下就是課程中活動進行的實際過程：

在上課之前，蒙特梭利教師會先佈置好教室。各個學科領域的教具，按照孩子的身高在教具櫃上排成一排，精心安排的教具互相疊放，在基礎的技能上培養進階的技能。在課堂上，教師會觀察孩子，了解每個孩子正在學習和掌握什麼，並在孩子準備好的時候進行下一步的課程。

如果我們走進蒙特梭利教室，可能會看到一個孩子正在學習數學，另一個孩子正在做語言練習，還有兩個孩子正在一起完成一項活動。這是因為孩子可以自己選擇他們想做的活動。

在蒙特梭利教室裡，教師花在「維持秩序」上的時間更少，例如讓每個人都乖乖坐好聽課或固定時間才能去上廁所。這讓教師有更多的時間專注在觀察和幫助孩子上。

因為教室裡的孩子是混齡的，大孩子可以幫助小孩子。當他們向另一

個孩子解釋時，也整合了自己的學習，年幼的孩子也能從觀察年長的孩子中學習。

家長或許會擔心，孩子有了選擇的自由，可能會逃避某些學習領域。如果發生這種情況，蒙特梭利教師會觀察孩子是否準備好，並提供更容易接受和吸引他們的活動，以符合他們興趣的另一種方式來呈現。

蒙特梭利適合每個孩子嗎？

我們經常會有疑問，蒙特梭利是否適合所有的孩子？還是只適合那些懂得規畫、非常獨立，或者能夠安靜地坐著長時間做一項活動的孩子？

🍃 蒙特梭利適用於不同的學習類型嗎？

我發現蒙特梭利適用於所有的孩子，這些活動素材提供了視覺、聽覺、動覺（kinesthesis，透過觸覺）和口說的機會，因此它們能夠吸引以各種不同方式學習的孩子。

有些孩子透過觀察來學習，有些孩子則透過實際操作來學習。孩子不必一直「忙著」學習，他們也可以觀察別人的活動來學習。有時候，他們透過觀察可以學到很多東西，當他們親自嘗試時，就幾乎可以通盤掌握了。另一個孩子可能必須透過做中學，不斷重複地做，直到他們全面掌握為止。儘管兩個孩子的學習方式不同，但都能在蒙特梭利的環境中茁壯成長。

🍃 孩子一定要會計畫嗎？

蒙特梭利兒童能夠逐漸學會計畫自己的一天行程。在較小的年齡組，孩子遵循著自然節奏和自己的興趣。隨著年齡的增長，他們可以一步步地培養自己的規劃能力。

有些孩子可能需要比其他人更多的指導，經過培訓的蒙特梭利教師會主動指導那些需要更多協助的孩子，幫助他們增進組織能力。

🍃 如果孩子坐不住、經常動來動去，怎麼辦？

蒙特梭利教學非常適合那些坐不住、需要活動的孩子。當我們進入蒙特梭利教室時，往往會感覺出奇的安靜。孩子們看起來很專注在他們的活動中，而老師也不需要為了讓他們安靜下來而大喊大叫。

同時，我們也注意到孩子可以在教室裡自由活動、觀察別人，必要時還可以上廁所。此外，很多活動中需要大量動作，所以蒙特梭利對那些坐不住、需要經常移動的孩子來說，是完美的教學法。

🍃 蒙特梭利符合我們在家的育兒方式嗎？

蒙特梭利適合所有的孩子，但有些孩子可能覺得蒙特梭利教室的限制太多，而有些孩子卻覺得蒙特梭利教室的自由度太高。

我相信在家裡教育孩子時，蒙特梭利跟其他教育相比是效果最好的——父母尊重孩子，但也設定了明確的規範，孩子能夠學會遵守規則。

在蒙特梭利學習的孩子，如何與傳統學校接軌？

父母經常擔心的一點是，孩子在未來某個階段可能需要轉到傳統學校就讀。

我們很自然地會想，「孩子將如何適應全班總是上同樣的課程；改成遵循老師的時間表，而不是孩子自己的時間表，以及上課時要一直固定坐著不動呢？」

通常，孩子都能夠順利從蒙特梭利學校轉換到其他學校，蒙特梭利教

育下的孩子，通常非常獨立、尊重別人、對其他孩子很敏感——這些能力在他們轉到新學校時很受用。

我曾經聽到一個孩子談到轉學時說：「這很容易，你只需要按照老師說的去做就行了。」

在另一個案例中，一個孩子在高中之前一直在蒙特梭利學校學習。她面臨的最大挑戰是：問老師她是否可以去上廁所，以及在考試期間遇到她不懂的問題，不能當場查資料，因為她已經習慣自己找答案。

另一個家庭覺得有趣的是，傳統學校的孩子總是舉手詢問老師考試範圍和內容。蒙特梭利的孩子習慣主動學習，是因為他們喜歡這樣做，而不是因為要考試才學習。

感受和需求表

我從約拉姆‧莫森宗（Yoram Mosenzon）在 connecting2life.net 開設的非暴力溝通課程中學到了許多。我問他是否可以在這本書中加入他的「感受和需求表」，他欣然同意了。

使用方法

當我們有一個想法時，我們可以使用「感受和需求表」的「感受‧感覺‧情緒」這個部分來確定我們的實際感受。一旦我們確定了感覺，就可以使用「普遍基本需求表」，看看自己的哪種基本需求沒有得到滿足，例如，讓自己被看到或被聽到的需求。

然後，我們就能夠對自己更有同理心，也可以更有效地與別人交流感受。我們也可以把同理轉向別人，並嘗試理解他們的感受和需要。

愉快（擴展） ←——————→ 感受・感覺・情緒 ←

寧靜
輕鬆的　相信的
平靜的　放鬆的
安靜的　集中的
和平的　滿足的
恬靜的
個人希望得以實現
自在的　滿意的
舒適的　溫和的

快樂
愉快的　高興的
活躍的　喜悅的
高興的　開心的

好奇的
著迷的　投入的
感興趣的　鼓舞的
參與的

重獲新生
休息　充滿活力的
復原的　恢復活力的
頭腦清醒的

精神飽滿
興奮的　幸福的
熱情的　欣喜的
渴望的　容光煥發的
精力充沛的
激動不已的
熱情的　震驚的
充滿活力的　驚奇的
期待的　樂觀的

同情心
溫柔的　溫暖的
熱心的　慈愛的
親切的　友好的
同情的　感動的

感謝
欣賞的　謝謝的
感動的　鼓勵的

自信
有能力的　開放的
驕傲的　安全的
充滿希望的

困惑
糾結的　迷茫的
猶豫的　莫名其妙的
困惑的　疑惑的

恐懼
害怕的　驚恐的
懷疑的　恐慌的
驚呆的　嚇壞的
忐忑不安的

脆弱
虛弱的　不安全的
拘謹的　敏感的

嫉妒
羨慕的

疲勞
不堪重負的
精疲力竭的
疲憊不堪的
昏昏欲睡的
疲憊的

非暴力溝通

身體感覺
疼痛的　萎縮的　緊張的　噁心的
顫抖的　虛弱的　發抖的　軟弱的
透不過氣來的　空虛的
擠壓的　哽咽的

不舒服
困擾的　擾亂的　不安的　煩躁的
焦躁的　震驚的　不確定的　驚訝的
憂慮的　機警的　煩躁的　緊張的

悲哀
心情沉重的　憐憫的　失望的
期待的　心灰意冷的　絕望的
憂鬱的　無助的　洩氣的　無望的
陰鬱的　懷舊的

疼痛
傷害的　痛苦的
傷心欲絕的　飽受摧殘的
孤獨的　遺憾的　悲慘的　悔恨的
受苦的　內疚的　悲哀的 混亂的

生氣
惱怒的　不悅的　沮喪的　氣急敗壞
不耐煩的　不滿意的

憂心忡忡
擔心的　緊張的
緊張不安的　焦慮的
煩躁的　不安寧的

羞愧
羞恥的　羞澀的

厭倦
斷絕聯繫的　疏遠的
麻木不仁的　冷漠的
麻木的　退縮的　不耐煩的

憤怒
沮喪的　非常生氣的
狂怒的　怨恨的

憎恨
不喜歡的　敵視的
厭惡的　痛苦的
反感的　蔑視的

普遍的基本需求表

身體健康	連結	連結	誠信
空氣	愛	理解（被理解）	自我表達
營養（食物、水）	歸屬感	考慮／關心／我	真實性
光線	親密性	的需求的重要性	誠信
溫暖	親暱的言行	融入／參與	透明度
休息／睡眠	同理心／同情心	支持／幫助／培	現實／真理
動作／體能	欣賞	養	
運動	接受	合作／協作	

自由	遊戲
選擇／來自我自	活力／活著／生
己的精神世界	命力
自主性	流動
獨立性	激情
空間／時間	自發性

（身體健康續）
- 健康
- 觸摸
- 性表達
- 庇護所／安全處
- 保護／安全
- 保護免受痛苦
- 情感安全
- 受保護
- 舒適

（連結續）
- 認可
- 安慰
- 親情
- 開放性
- 信任
- 溝通
- 分享／交流
- 給予／接受
- 關注
- 溫柔／柔和
- 敏感／仁慈
- 尊重
- 看到（被看到）
- 聽到（被聽到）

（遊戲續）
- 樂趣
- 幽默／歡笑／輕鬆
- 發現／冒險
- 多樣性／多樣性

意義	意義	和諧
宗旨	自尊／尊嚴	和平
貢獻／豐富生活	效能／效率	美麗
中心性	解放／轉變	秩序
希望／信仰	重要的／參與的	冷靜／放鬆
明確性	在這個世界上有自己的	平靜／安寧
認識（在現實中）	位置	穩定／平衡
學習	靈性	輕鬆
認識／意識	相互依存	共融／整體性
靈感／創造力	簡單性	完成／消化
挑戰／刺激	慶祝／哀悼	融合
成長／進化／進步		可預測性／熟悉性
賦權／權力		平等／公正／公平
擁有內在力量		
才能／能力		
自我價值／自信心		

NOTE 上表中的語詞不是「偽感覺」（pseudo feelings），就像我們說感到自己「被襲擊」一樣，偽感覺往往包含著判斷，暗示對方是錯的。因此，上表的語詞都是經過精心挑選的，以便於我們的真實感受能被傳達。

自製無毒黏土配方

為了製作最好又安全的黏土，通常要把它煮熟，但這樣操作起來會很凌亂，所以我使用開水來代替，我們只需攪拌材料，加入開水，攪拌幾分鐘，直到它冷卻，然後再揉捏它。瞧，我們就得到可愛的黏土了。家長請放心這種黏土是安全的，使用開水時需要家長或其他照顧者代為執行。

材料（可製作一杯大約 240 毫升的黏土）

普通黏土

- 1 杯（125 克）中筋麵粉
- 2 湯匙塔塔粉（Cream of tartar）
- 1/2 杯（150 克）鹽
- 3/4 至 1 杯（175 至 250 毫升）開水
- 1 湯匙食用油
- 食物色素或肉桂，螺旋藻粉，或其他天然色素

巧克力泥黏土

- 1 又 1/4 杯（150 克）中筋麵粉
- 1/2 杯（50 克）可可粉
- 1 茶匙塔塔粉
- 1/4 杯（75 克）鹽
- 3/4 到 1 杯（175 到 250 毫升）開水
- 2 湯匙食用油

操作指南

1. 孩子可以在一個中等的碗裡把乾材料混合在一起。

2. 將開水、食用色素和油加入到乾材料中，並攪拌至可以脫離碗的邊緣。在此提醒，這個步驟必須請家長、教師或其他照顧者代為執行。

3. 一旦混合物完全冷卻，大約需要幾分鐘的時間。然後讓孩子揉捏它，直到它變得光滑。

4. 將黏土儲存在密封的容器中，保存期至多六個月，不需要冷藏。

蒙特梭利幼兒活動表

年齡	活動名稱	說明／素材	發展領域
全年齡適用	音樂／舞蹈／動作／唱歌	• 演奏樂器 • 聆聽優美的音樂（別把音樂當做背景，而是視為主體來欣賞） • 舞蹈和移動、探索、伸展身體 • 唱歌	音樂和運動
全年齡適用	書籍	• 和嬰幼兒的生活相關，富含寫實圖片的書籍 • 由易到難分別是每頁一張圖片，再來是一張圖配一個單字，然後是一張圖配一句話，接著是簡單的故事，最後是更複雜的故事 • 擺放書籍的方式必須讓孩子能看到封面，並且方便他們取用和歸位。可以放在小籃子裡，或小書架上 • 從硬頁書開始閱讀，之後才是精裝書和平裝書	語言
全年齡適用	押韻語言	• 詩歌、歌曲、押韻小曲 • 簡短且不會太長 • 寫實的內容 • 搭配的手指和身體動作，例如：身體律動、手指歌、俳句（haiku）、拍手歌等	語言

年齡	活動名稱	說明／素材	發展領域
全年齡適用	自我表達	• 當孩子想與大人分享一些東西的時刻 • 還不會說話的孩子，可以利用聲音、表情，或吐舌頭來表達 • 會說話的孩子則可以使用單詞，然後是短語和句子 • 大人在現場需要與孩子的視線平齊，並保持目光接觸 • 大人可以重述孩子所說的話 • 透過身體語言和話語，讓孩子知道我們對他們分享的內容非常感興趣	語言
12 個月	塗鴉	• 塊狀蠟筆或粗鉛筆（如德國 STABILO 的三合一系列） • 不同尺寸、顏色、質地的紙張 • 桌面保護墊或桌墊	藝術／自我表達
12 個月	粉筆	• 以黑板來說，有三種形式： 　1. 黑板架 　2. 一面牆或一塊板子塗有黑板漆，安裝在靠近地面的牆上 　3. 放在層架上的小黑板 • 粉筆：從白色開始，逐漸引入其他顏色和不同類型的粉筆 • 小黑板擦	藝術／自我表達

年齡	活動名稱	說明／素材	發展領域
能夠獨立站立的孩子	畫架繪畫	• 畫架 • 完全覆蓋畫架的紙張 • 先從一種顏料開始，然後逐一嘗試其他顏色。對於年紀大一點的孩子，可以一次使用兩種或更多的顏色 • 短柄粗畫筆 • 畫畫衣或畫畫圍裙 • 掛畫畫衣或畫畫圍裙的掛鉤 • 收納紙張的盒子 • 用來擦拭的溼抹布	藝術／自我表達
12 個月以上	蒙特梭利套環組	• 由堅固的底座和中間的柱軸組成，包含四到五個不同尺寸的環，最好是交替的顏色 • 最大的環不應大於孩子的手	促進眼手協調的活動
12 個月以上	螺栓組	• 準備一或兩種形狀的螺栓和相對應的螺母 • 請孩子試試將螺母放在螺栓上	促進眼手協調的活動
12 個月以上	打開和關上	• 準備兩到三個常見的、可開合的物品放在籃子裡，如：裝飾盒、鐵罐、口金零錢包、化妝品收納盒、牙刷架等。	促進眼手協調的活動
12 個月以上	蒙特梭利識物模型	• 準備三到六個同類別的實物或公仔模型 • 例如：水果、蔬菜、衣服、動物、農場動物、寵物、昆蟲、哺乳動物、鳥類、脊椎動物、無脊椎動物等等。	輔助語言發展；擴大詞彙量
12 個月以上	蒙特梭利木棒插柱盒	• 有六個孔的木盤，以及前方設有可放置木釘的凹槽	加強眼手協調和抓握的能力

年齡	活動名稱	說明／素材	發展領域
12 個月以上	立方體和垂直的銷	• 由底盤和三個立方體組成，底盤中間有一根銷，玩法是將立方體放進或取出銷 • 此為串珠前的準備活動	加強眼手協調和抓握的能力
12-14 個月以上	拼圖	• 難度越來越高的木製拼圖 • 拼圖的主題必須寫實且吸引孩子，例如：動物或各種工程車	加強眼手協調和抓握的能力
約 13 個月以上	鑰匙和鎖	• 由一把繫著一條繩子的鑰匙和鎖組成	促進眼手協調的活動
一旦孩子可以走路	擦桌子	• 準備放置清潔手套或吸水手套的托盤或籃子 • 替換的手套	維護環境
14 個月以上	精準配對遊戲	• 準備各種類別的卡片 • 上面印有和實物完全相同的圖片（大小和顏色上也盡量相同），物品可以放在卡片上面，完全覆蓋圖片	有助於語言發展；有助於孩子發展 3D 立體到 2D 平面的移轉能力

年齡	活動名稱	說明／素材	發展領域
14 個月以上	相似配對遊戲	• 準備各種類別的卡片 • 上面印有和實物相似的圖片，可能在顏色、大小或其他方面有些不同	有助於語言發展；透過相似的概念，讓孩子體認到物品的本質
14 個月以上	滑蓋木盒	• 有滑動蓋子的盒子，裡面的物品需要定期更換	加強眼手協調和抓握的能力
14 個月以上	三抽木盒	• 有三個可拉開的小抽屜的木盒 • 將三樣不同的物品，分別放在每個小抽屜裡	加強眼手協調和抓握的能力；鍛鍊手腕運動
14 個月以上	投放活動	• 可投放不同形狀和尺寸的盒子 • 基本上以單一形狀為主，例如：圓形槽洞的盒蓋、正方形槽洞的盒蓋、三角形槽洞的盒蓋或長方形槽洞的盒蓋 • 如果要更有挑戰性，可以從有兩個形狀的盒蓋，漸進增加到有四個形狀的盒蓋	完善眼手協調和掌握的能力；介紹和命名幾何固體
14 個月以上且行走平穩	為植物澆水	• 托盤（用來保護架子） • 小澆水壺 • 裝有小塊海綿的較小容器 • 植物	維護環境

年齡	活動名稱	說明／素材	發展領域
14 個月以上	脫穿衣服和收納衣物	• 讓孩子穿脫自己的外套、鞋子和衣服，並把它們掛在鉤子上，或把衣物放在籃子裡。	照顧自己
14 個月以上	在洗手臺前洗手	• 肥皂或液體肥皂 • 毛巾	照顧自己
14 個月以上	擦鼻子	• 紙巾，可以裁成兩半並折疊起來使用 • 鏡子 • 有旋轉蓋子的小垃圾桶 • 向孩子示範如何擦拭鼻子，然後讓他們仿作	照顧自己
14 個月以上	刷牙	• 浴室洗手臺 • 放置牙刷的地方 • 牙刷 • 牙膏 • 讓孩子開始刷牙，然後協助他們完成整個步驟	照顧自己
14 個月以上	蒙特梭利衣飾框：魔鬼氈	• 木製衣飾框與兩塊用魔鬼氈固定的織物 • 練習打開和黏合魔鬼氈	照顧自己
14-16 個月	攀爬	• 例如：戶外半圓攀爬組、桿子、攀石牆、障礙訓練場、樹等	粗大運動的活動
14-16 個月	推／拉	• 例如：用來推和拉的手推車	粗大運動的活動
14-16 個月	擺盪	• 例如：單槓、吊環	粗大運動的活動

年齡	活動名稱	說明／素材	發展領域
14-16 個月	滑行	• 最好有足夠大的平臺，其寬度足以讓孩子獨立使用	粗大運動的活動
14-16 個月	跑步	• 例如：帶有箭頭標示的跑道；跑道起始兩端各放一個球籃，孩子可以從一個球籃拿球，並放到另一個球籃	粗大運動的活動
14-16 個月	跳躍	• 例如：跳過在地上的一條線；一旦孩子用雙腳跳，可以再帶入有高度的東西	粗大運動的活動
14-16 個月	騎乘	• 例如，滑步車或低重心三輪車，透過腳踩在地板上來推動；然後從兩歲半開始，可以練習腳踏三輪車	粗大運動的活動
14-16 個月	平衡	• 平衡木，例如在一些書籍或磚塊上面放置一塊木板 • 剛開始，孩子可以用單手扶著面前的牆壁或平衡木，然後單手扶著牆在平衡木上向前走，然後可以一隻腳在平衡木上，一隻腳在地上（左右腳互相交替踩在平衡木上）。等他們習慣後可以增加難度，改變高度或將平衡木從牆邊移開；也可以在比較寬的平衡木上爬行	粗大運動的活動
14-16 個月	鞦韆	• 最好挑選離地面較近的款式，方便孩子上下及推動自己。孩子可以傾靠鞦韆上用腳推，或坐在鞦韆上後退，並把腳懸空，讓它自然擺盪	粗大運動的活動

年齡	活動名稱	說明／素材	發展領域
14-16 個月	其他運動	• 搖擺平衡板，可以協助孩子建立平衡感、理解身體的反饋，提高協調性 • Y形隧道，採用自然素材製作，例如柳樹枝或類似的材料 • 用箱型樹籬做成的迷宮 • 沙坑 • 球或輪胎鞦韆。 • 園藝和堆肥 • 用自然素材做成的洞穴，例如樹枝、柳條或類似的材料 • 活水	粗大運動的活動
14-16 個月	底座與水平套環	• 在木質底座上，直立一根與底座平行的金屬梢，搭配一到三個套環	完善眼手協調和抓握的能力；穿越身體中線；鍛鍊手腕的動作
14-16 個月	底座與水平套環（蛇型）	• 在木質底座上，直立一根與底座平行的蛇型金屬梢，搭配一到三個套環	完善眼手協調和抓握的能力；穿越身體中線；鍛鍊手腕的動作

年齡	活動名稱	說明／素材	發展領域
15-16 個月以上	洗樹葉	• 準備葉子形狀的小盤子，盤子裡放著適當大小的海綿 • 保護架子不溼掉的托盤	維護環境
15-18 個月以上	開鎖	• 不同家具或房門的一系列門鎖，例如帶鏈條的門鎖、勾鎖和有把手的鎖	完善眼手協調和抓握的能力
15-18 個月以上	梳頭	• 準備鏡子和梳子 • 放梳子的托盤及放髮夾和髮帶的盤子	照顧自己
15-16 個月以上	三個圓柱套圈	• 木製方形底座，以及有紅黃藍三種顏色的圓柱 • 每種顏色有三個套圈	完善眼手協調和抓握的能力
16-18 個月以上	黏土	• 用塑膠墊或帆布覆蓋，專用於製作黏土的桌子 • 用溼布包覆放在容器中的黏土（白或赤陶土）、DAS 模型黏土、無毒黏土或動力沙（kinetic sand，是一種由沙和液體組成的黏土玩具） • 用來雕刻和切割的工具	藝術／自我表達
16-18 個月以上	打掃	• 準備掃帚 • 可以使用蒙特梭利的教具「打掃指引」，或用粉筆在地上畫一個圓圈，來指引收集灰塵的位置 • 簸箕和刷子	維護環境
16-18 個月以上	除塵	• 抹布	維護環境

年齡	活動名稱	說明／素材	發展領域
16-18個月以上	拖地	• 準備兒童尺寸的拖把，或拖把布的平板拖把 • 將拖把掛在拖把收納架	維護環境
16-18個月以上	為植物除塵	• 用羊毛製成的手工除塵撢 • 放置除塵撢的容器	維護環境
16-18個月以上	蒙特梭利衣飾框：拉鍊	• 木製衣飾框與兩塊用拉鍊固定的織物 • 織物不會散開，拉鍊在底部連接 • 金屬環可以放在拉鍊拉頭上 • 練習使用拉鍊	照顧自己
16-18個月以上	串珠	• 將線頭綁在一根細塑膠管，串珠時會比較容易操作，因為它可以讓孩子將線更好地穿進珠子裡 • 用五或六顆木珠，也可以增加更多珠子 • 如果想更具有挑戰性：使用更粗的線、更大的木珠或帶有小珠子的鞋帶	完善眼手協調和抓握的能力；雙手並用
18個月以上	插花	• 收集不同的花瓶 • 桌巾 • 修剪適當長度的花，以備使用 • 帶邊的托盤。 • 小水壺 • 小漏斗 • 海綿 • 孩子可以用漏斗將水倒入花瓶，把花放在花瓶裡，然後把花瓶放在桌子上或架子上，並且下面鋪好桌布	維護環境

年齡	活動名稱	說明／素材	發展領域
18 個月以上	曬衣服	• 準備溼的衣物,例如餐巾、手套、毛巾、圍裙等 • 曬衣繩 • 曬衣夾	維護環境
18 個月以上	收集廚餘並放在堆肥堆或堆肥區	• 廚餘 • 兒童尺寸的耙子、簸箕和刷子 • 手推車 • 肥料堆／堆肥箱	維護環境;戶外環境
18 個月以上	發芽的種子	• 種子:用一個小玻璃瓶,瓶子外面貼上種子的圖片。選擇能迅速發芽的種子,例如豌豆、黃豆、玉米、蘿蔔、南瓜、向日葵。 • 用黏土、報紙或泥炭製成的小花盆 • 小型園藝手工工具,包括鏟子和耙子 • 圍裙	維護環境
18 個月以上	發芽的種子	• 附有小盤子的小托盤 • 放在窗臺上或靠近光源的小型園藝盤和水壺 • 一些戶外的泥土,如果有必要,可以準備一袋	維護環境
18 個月以上	維護戶外環境的其他活動	• 掃地 • 耙地 • 挖掘 • 擦洗瓷磚、桌子和長椅 • 為植物澆水 • 採摘和照顧鮮花 • 種植需要持續照顧的花卉／蔬菜／草藥園	維護環境

年齡	活動名稱	說明／素材	發展領域
18 個月以上且能夠提水壺	在餐桌上洗手	• 洗手用的小盆子 • 水壺 • 裝有小肥皂的肥皂盤 • 圍裙 • 擦手巾 • 擦桌子的手套 • 收集髒水的桶子 • 適合想在水槽邊重複洗手的孩子	照顧自己
18 個月以上	清潔鞋子	• 門墊 • 有柄的刷子或美甲刷	照顧自己
18 個月以上	佈置餐桌	• 幫忙擺放餐桌上的餐具籃 • 幫忙鋪桌布 • 幫忙折疊餐巾紙 • 幫忙準備溫熱的毛巾	準備食物
18 個月以上	幫忙清理餐桌	• 用溫熱的毛巾擦臉 • 把盤子和餐具拿到廚房	準備食物
18 個月以上	準備餅乾	• 小型奶油抹刀 • 裝有奶油、堅果醬、鷹嘴豆泥或類似東西的小容器 • 一小盒餅乾 • 孩子在餅乾上用抹刀塗抹少量的奶油或果醬，然後坐著吃。 • 可以站著或坐著準備	準備食物

年齡	活動名稱	說明／素材	發展領域
18 個月以上	榨柳橙汁	• 找孩子可以獨立使用的榨汁機或榨汁器 • 收集果汁的水瓶 • 喝果汁用的玻璃杯 • 孩子可以榨柑橘汁，並將果皮丟入堆肥桶或垃圾桶裡	準備食物
18 個月以上	切香蕉	• 準備好香蕉，在頂部切下一段，方便孩子剝開外皮 • 切蔬果的砧板 • 用奶油刀或無鋸齒的刀來切香蕉 • 孩子可以把香蕉皮丟入堆肥桶或垃圾桶 • 孩子可以將切好的香蕉放在碗裡，端上餐桌	準備食物
18 個月以上	削皮和切蘋果	• 削皮機 • 蘋果切割器／去核器 • 切蔬果的砧板 • 孩子可以將蘋果放在砧板上，從上到下削皮 • 將蘋果切割器放在蘋果上往下壓，將蘋果分成八塊，並去除蘋果核 • 孩子可以將切好的蘋果放在碗裡，端上餐桌	準備食物
18 個月以上	倒水	• 使用內含飲用水的水龍頭／小水壺／飲水機 • 玻璃杯 • 準備好海綿和手帕，以防有溢出的水	準備食物

年齡	活動名稱	說明／素材	發展領域
18 個月以上	水彩繪畫	• 托盤 • 水彩盤 • 裝水的小罐子 • 畫筆 • 擦拭溢出物的抹布 • 襯墊 • 圖畫紙 • 先向孩子示範如何弄溼畫筆，再把顏料塗在畫筆上，然後在紙上作畫	藝術／自我表達
18 個月以上	分類活動	• 分成三格的盤子和兩種同一類的物品，例如貝殼、堅果、豆莢、幾何形狀等。每一款準備四種。	完善觸覺；有助分類能力
18 個月以上	詞彙卡	• 與孩子生活相關的成套分類詞彙卡 • 從簡單的分類開始	有助語言發展；增加詞彙量
18-22 個月以上	蒙特梭利衣飾框：鈕扣	• 木製衣飾框與兩塊用三顆大鈕扣固定的織物 • 垂直扣眼 • 練習扣鈕扣	照顧自己
18-22 個月以上	蒙特梭利衣飾框：暗扣（子母扣）	• 木製衣飾框與兩塊用暗扣固定的織物	照顧自己
18-22 個月以上	清洗餐桌	• 準備裝有碗、肥皂、刷子和海綿的托盤，用來清洗餐桌	維護環境

年齡	活動名稱	說明／素材	發展領域
18 個月至 2 歲以上	擦鏡子	• 裝有無毒鏡面拋光劑的小容器 • 用來擦拭的長方海綿 • 給孩子用的連指手套 • 用來放置物品的襯墊	維護環境
18 個月至 2 歲以上	木材拋光	• 容易讓孩子操作的容器 • 一瓶無毒的拋光劑，例如蜂蠟 • 小盤子 • 給孩子用的連指手套 • 需要拋光的項目	維護環境
18 個月至 2 歲以上	用膠水黏合紙張	• 帶有軟刷頭的膠水瓶或裝有少量膠水的膠水罐、要黏起來的六張大形狀和紙張（最多）	完善眼手協調和抓握的能力；指導使用膠水的實用技能；完善手指的運動；藝術／自我表達
約 2 歲以上	洗碗	• 有兩個洗手盆的洗手臺 • 有小手柄的洗碗刷或小海綿 • 裝有少量的洗碗精的旅行用小瓶子 • 透明的塑膠小水瓶；可以在水瓶上做標記，顯示所需的水位 • 圍裙 • 乾的連指手套 • 擦手的乾布	準備食物

年齡	活動名稱	說明／素材	發展領域
約 2 歲以上	擦乾碗盤	• 先把乾布放在桌子上，再把碗或杯子放在乾布上，把乾布折疊放進碗或杯子裡，然後打開來擦拭。	準備食物
約 2 歲以上	擦窗戶	• 裝有 240 毫升水的噴瓶（也可以裝醋） • 小刮刀 • 一塊擦拭用的軟布或乾布	維護環境
約 2 歲以上	洗衣服	• 有兩個洗手盆的洗手臺 • 小洗衣板 • 肥皂 • 肥皂盤 • 水瓶 • 桌子兩邊的地板上放置兩個塑膠籃 • 圍裙 • 乾的連指手套 • 擦手的乾布	維護環境
約 2 歲以上	使用剪刀	• 一把小剪刀，裝在盒子裡 • 手工製作信封 • 狹長的索引條，要很細長，讓孩子能一次剪下整個紙條	完善眼手協調和抓握的能力；學習切割的實用技巧；發展精確的手部動作

年齡	活動名稱	說明／素材	發展領域
約2歲以上	主題立體認知袋（神祕袋）	• 裡面裝有五到八個相關、不相關或成對的物品的精緻袋子 • 袋子裡的物品無法輕易被孩子看到，所以他們要以觸摸來判斷	有助於發展立體感；增加詞彙量
約2歲以上	主題立體認知袋（神祕袋）	• 舉例： 1. 烹飪用具，例如兒童尺寸的塑膠刮刀、造型餅乾模具、篩子、茶筅、鍋鏟 2. 來自其他國家的物品袋，例如用和服布料製作的袋子，裡面裝著日本相關的物品 3. 美髮相關用品 4. 園藝工具	有助於發展立體感；增加詞彙量
約2歲，需要一些口語能力	提問練習	• 日常可能出現的對話，例如在摺衣服或準備食物時的對話 • 舉例：「你還記得我們種下羅勒，然後它開始長大的時候嗎？」「我們把羅勒種子種在哪裡？」「我們用什麼來摘羅勒？」 • 要做的自然又有話題性。	使用孩子正在發展的詞彙；延伸孩子的思考，幫助他們從經驗中做出摘要，並能夠以語言表達出來；建立自信心；家長示範如何表達

年齡	活動名稱	說明／素材	發展領域

2歲以上	縫紉練習	• 將工具放在籃子或盒子裡
		  - 剪刀
		  - 線
		  - 放有圓頭刺針或繡花針的針盒
		  - 孩子先在方形縫紉卡上縫出斜線；接著是在方形和圓形卡片上的孔洞；然後是刺繡或縫製鈕扣
			完善眼手協調和把握能力；學習縫紉的實用技能；練習精確性和準確度

2歲以上	各尺寸的螺母和螺栓	• 有各種大小孔洞的木板 • 符合各種孔洞大小的螺母和螺栓	眼手協調
2歲以上	在釘板上拉伸橡皮筋或鬆緊帶	• 使用幾何板拉伸橡皮筋或鬆緊帶，可以做幾何圖案，也可以讓孩子自由創作	眼手協調

2歲半	擦鞋	• 托盤上裝有：
		  1. 鞋油（少量）
		  2. 塗鞋油時，給孩子用的連指手套
		  3. 軟毛刷
		• 覆蓋整張桌子的墊子
		• 鞋拔（如果是戶外鞋）
			照顧自己

2歲半	蒙特梭利衣飾框：皮帶扣	• 木製衣飾框與兩塊用三或四個扣環固定的皮革 • 練習使用皮帶扣	照顧自己

年齡	活動名稱	說明／素材	發展領域
2 歲半	幫忙烘焙	• 幫忙測量份量 • 攪拌材料 • 協助烘焙後的清掃和清理	準備食物
3 歲	協助從洗碗機拿出碗盤	• 協助清空洗碗機。	日常生活
3 歲以上	幫忙回收	• 對回收物品進行分類，並將它們放入容器中	日常生活
3 歲以上	鋪床	• 讓孩子自己鋪床——只鋪被子	日常生活
3 歲以上	自己上廁所	• 準備一個踏腳凳和一個較小的馬桶座或便盆	日常生活
3 歲以上	幫忙完成更進階的烹飪工作	• 例如，幫忙煮義大利千層麵	準備食物
3 歲以上	餵寵物	• 可以在蛋杯中放置少量的魚食 • 幫狗倒水。 • 餵食貓、倉鼠或其他寵物	日常生活
3 歲以上	幫忙摺疊衣物和襪子	• 讓孩子參與洗衣服的過程 • 請孩子按照家庭成員或顏色，對衣物進行分類、配對襪子、學習基本的摺疊技巧等。	日常生活
3 歲以上	幫忙迎接訪客	• 整理床鋪 • 清理空間，收拾玩具等等 • 準備食物	日常生活

年齡	活動名稱	說明／素材	發展領域
3 歲以上	第一款棋盤遊戲	• 德國 HABA 桌遊 • 英國 Orchard Toys 的「採購趣」和其他桌遊產品 • 簡單的紙牌遊戲，例如 Snap 紙牌 • 遊戲可以根據孩子的年齡簡化	輪流做莊；了解簡單的遊戲規則；樂趣
3 歲以上	更進階的縫紉、藝術和手工活動	• 形狀更複雜的卡片，例如心形 • 縫製鈕扣 • 縫製刺繡圖案 • 縫製坐墊 • 不止一個步驟的項目	藝術／自我表達
3 歲以上	探索周圍的世界	• 例如：自然收藏、鳥類、動物、植物和樹木	植物學；文化研究；生命科學
3 歲以上	更加精細的穿線和分類活動	• 帶有小珠子的鞋帶 • 用繡花針將一塊羊毛與少量吸管縫在一起	眼手協調；完善抓握能力
3 歲以上	十二片或更多的拼圖	• 更困難的拼圖，包括多層拼圖、立體拼圖和片數更多的拼圖。	完善眼手協調和抓握的能力；培養識別背景形狀的能力

年齡	活動名稱	說明／素材	發展領域
3 歲以上	在軟木板上敲打形狀	• 軟木板 • 木製的形狀 • 小釘子和木錘	眼手協調
3 歲以上	針刺活動	• 根據在紙卡上畫出的圖形來進行針刺 • 毛氈墊 • 刺工針／鑽子 • 讓孩子沿著線條刺，直到圖形可以被取下	完善眼手協調和抓握的能力

3 歲以上	「尋找字音」遊戲	• 如果孩子對聲音感興趣，可以使用注音符號的語音。
		• 讓孩子準備好聆聽單詞中的聲音。
		• 素材包括：
		  1. 注音符號卡
		  2. 三至五個和注音符號卡上的注音相匹配的物品（或圖卡）。
		• 操作說明：
		  1. 拿出一些物品（或圖卡），念出名稱，例如筆、蘋果、貓等。
		  2. 拿出一張注音符號卡，說：「我發現了以ㄅ開頭的東西，你能告訴我它是什麼嗎？」
		  3. 然後將注音符號卡放在ㄅ開頭的物品（或圖卡）上。
			語言發展；預先閱讀技能

3 歲以上	蒙特梭利日曆	• 自己製作或購買一個簡單的日曆，孩子可以改變其中的日期、月份和天氣 • 隨著孩子年齡增長，可以增加更多細節	認識時間

年齡	活動名稱	說明／素材	發展領域
3歲以上	大量的自由活動和戶外活動	• 每天讓孩子有在戶外活動的時間，並有自由玩耍的時間	日常生活；戶外環境；樂趣
3歲以上	WEDGiTS積木	• 美國 WEDGiTS 積木，這種積木讓孩子可以嵌套、堆疊、連結，並創造出數百種設計	雖然這不是蒙特梭利教具，但很適合在家庭環境使用
3歲以上	精選的建構式活動素材	• 例如：樂高（Lego）、美國 Magna-Tiles 磁力片積木、木製積木	
3歲以上	軌道滾珠積木／立體迷宮	• 有漂亮的木質滾珠和軌道讓孩子自己建造	

family field
親子田
親子田系列 058

蒙特梭利 1-3 歲教養全書

從遊戲活動 ✕ 居家佈置 ✕ 家事技能，及早開發孩子感官、肢體、自律、創意、表達五大能力
The Montessori Toddler

作　　　　者	西蒙娜‧戴維斯（Simone Davies）
插　　　　畫	今井彥子（Hiyoko Imai）
譯　　　　者	戴月芳
文 字 整 理	周書宇
專有名詞審訂	MEFA 蒙特梭利教育發展學會
封 面 設 計	FE 設計
內 文 排 版	theBAND‧變設計— Ada
責 任 編 輯	洪尚鈴
行 銷 企 劃	蔡雨庭、黃安汝
出版一部總編輯	紀欣怡

出 版 發 行	采實文化事業股份有限公司
業 務 發 行	張世明‧林踏欣‧林坤蓉‧王貞玉
國 際 版 權	鄒欣穎‧施維真‧王盈潔
印 務 採 購	曾玉霞
會 計 行 政	李韶婉‧許俶瑀‧張婕莛
法 律 顧 問	第一國際法律事務所　余淑杏律師
電 子 信 箱	acme@acmebook.com.tw
采 實 官 網	www.acmebook.com.tw
采 實 臉 書	www.facebook.com/acmebook01

I　S　B　N	978-626-349-284-4
定　　　　價	680 元
初 版 一 刷	2023 年 6 月
劃 撥 帳 號	50148859
劃 撥 戶 名	采實文化事業股份有限公司
	104 台北市中山區南京東路二段 95 號 9 樓
	電話：(02)2511-9798　傳真：(02)2571-3298

國家圖書館出版品預行編目資料

蒙特梭利 1-3 歲教養全書：從遊戲活動 X 居家佈置 X
家事技能，及早開發孩子感官、肢體、自律、創意、
表達五大能力 / 西蒙娜‧戴維斯 (Simone Davies) 著；
戴月芳譯 . -- 初版 . -- 臺北市：
采實文化事業股份有限公司，2023.06
　面；　公分 . -- (親子田系列；58)
譯自：The Montessori toddler : a parent's guide to
raising a curious and responsible human being
ISBN 978-626-349-284-4(平裝)

1.CST: 育兒 2.CST: 親職教育 3.CST: 蒙特梭利教學法

428.8　　　　　　　　　　　　　112005926

First published in the United States under the title:
THE MONTESSORI TODDLER: A Parent's Guide to Raising a
Curious and Responsible Human Being
Copyright © 2019 by Jacaranda Tree Montessori
Illustration copyright © 2019 by Hiyoko Imai
Published by arrangement with Workman Publishing Co., Inc., New
York a subsidiary of Hachette Book Group, Inc.,
through Big Apple Agency, Inc., Labuan, Malaysia.
Traditional Chinese edition copyright: 2023 Acme Publishing Co., LTD.
All rights reserved.